자동차정비 산업기사 필기

계산문제 한권으로 끝내기

자동차정비산업기사 필기 계산문제 한권으로 끝내기

머리말

계산문제 전용 수험서!!
과목별 계산공식 핵심요약 정리!!
계산문제 완전정복으로 필기시험 한 번에 합격하기!!

    산업기사 필기시험 준비는 기능사를 준비할 때와는 사뭇 다릅니다.
    기본적인 공학적 배경지식이 바탕 되어 있어야 하고 약간의 수학적 공식에 대해서도 개념을 가지고 있어야 합니다. 또한 새롭게 출제되는 문제들이 많으므로 완전히 똑같은 문제들이 잘 나오지 않기 때문에 계산문제를 포기하면 커트라인 점수를 넘기 어렵습니다.

    주변에서 보면 필기시험을 3번 이상 불합격하여 매회 시험 준비를 반복하는 경우를 볼 수 있습니다. 이들의 공통점은 계산문제를 포기하여 1~2문제 차이로 커트라인 점수를 넘지 못했다는 것입니다. 반면, 필기시험을 한 번에 합격한 수험생들을 보면 대부분이 계산문제를 포기하지 않고, 다만 몇 문제라도 맞췄다는 것입니다. 그 몇 문제가 합격의 당락을 결정합니다.

따라서 이 수험서는
- 계산문제 전용 수험서입니다.
- 과목별로 계산공식을 핵심요약 했습니다.
- 계산공식이 어떻게 유도되었는지 공부할 수 있게 유도과정 및 단위를 상세히 풀이하였습니다.

    저자가 좋아하는 문구가 하나 있습니다. '씨앗 너무 애쓰지마 너는 본디 꽃이 될 운명이니...'
    이 수험서로 지금까지 산업기사 필기시험에 거듭 실패하여 자신감을 상실한 분들과 처음 시험을 준비하는 분들 모두 꽃을 피우길 바라며, 이번 집필이 학계의 발전에도 작은 보탬이 되었으면 좋겠습니다.

    끝으로, 이 책의 필요성에 대해 공감해주시고 출판에 이르기까지 성심껏 도와주신 (주)크라운출판사 관계자 분들께 감사드립니다.

저자 **윤흥수**

목 차 / 자동차정비산업기사 필기 계산문제 한권으로 끝내기

이 책을 펴내며

PART 1
자주 출제되는 단위 ··· 7

PART 2
계산공식 핵심요약 ··· 11
1. 일반기계공학 ··· 13
2. 자동차 엔진 ··· 24
3. 자동차 섀시 ··· 32
4. 자동차 전기 ··· 40

PART 3
기출문제 ··· 45

1. 2013년도 계산문제
   ① 제1회 ·· 47
   ② 제2회 ·· 54
   ③ 제3회 ·· 62

2. 2014년도 계산문제
   ① 제1회 ·· 68
   ② 제2회 ·· 77
   ③ 제3회 ·· 83

3. 2015년도 계산문제
   ① 제1회 ·· 88
   ② 제2회 ·· 96
   ③ 제3회 ·· 103

4. 2016년도 계산문제
   ① 제1회 ·· 111
   ② 제2회 ·· 118
   ③ 제3회 ·· 124

5. 2017년도 계산문제
   ① 제1회 ·· 131
   ② 제2회 ·· 138
   ③ 제3회 ·· 145

6. 2018년도 계산문제
   ① 제1회 ·· 152
   ② 제2회 ·· 161
   ③ 제3회 ·· 168

7. 2019년도 계산문제
   ① 제1회 ·· 175
   ② 제2회 ·· 182
   ③ 제3회 ·· 189

자동차정비산업기사 필기 계산문제 한권으로 끝내기

제 1 장

자주 출제되는 단위

01 자주 출제되는 단위

자동차정비산업기사 필기 계산문제 한 권으로 끝내기

1 길이

- 1m=100cm=1,000mm
- 1km=1,000m

2 회전속도 및 회전수

- 1rpm=60rps
- 1rev=360°=2π

3 출력

- 1PS=75kgf·m/sec
- 1PS=0.736kW
- 1PS=632.5kcal/h
- 1W=1N·m/sec
- 1W=1J/sec
- 1kW=1,000W
- 1kW=3,600kJ/h
- 1kW=102kgf·m/sec
- 1kgf·m/sec=100kgf·cm/sec

4 토크

- 1kgf·m≒9.8N·m

5 힘 및 무게

- 1kN=1,000N
- 1ton=1,000kgf

6 온 도

절대온도(K)≒섭씨온도(℃)+273

7 압 력

- $1N/m^2$=1Pa
- $1kPa=10^3 Pa$
- $1MPa=10^6 Pa$
- $1MPa=1N/mm^2 ≒ 10.2kgf/cm^2$
- $1GPa=10^9 Pa$

8 부 피

- $1cm^3$=1cc=1mL
- $1m^3$=1,000,000cm^3=1,000L
- 1L=1,000cm^3=1,000cc

9 시 간

- 1sec=1,000ms
- 1min=60sec
- 1h=60min

자동차정비산업기사 필기 계산문제 한권으로 끝내기

제 2 장

계산공식 핵심요약

1. 일반기계공학
2. 자동차 엔진
3. 자동차 섀시
4. 자동차 전기

01 일반기계공학

1 마찰력

$Q = \mu \times P = \tan\theta \times P$

Q : 마찰력(N), μ : 마찰계수, P : 수직하중(N)

2 제동력

① $F_b = \mu W$

F_b : 제동력(N), μ : 마찰계수, W : 브레이크 블록을 누르는 힘(N)

② $F_b = \dfrac{T}{\mu R}$

F_b : 제동력(N), T : 브레이크 드럼에 작용하는 토크(N·m), μ : 마찰계수,
R : 브레이크 드럼의 반경(m)

3 웜기어장치, 웜 휠의 회전수

$N_{ww} = N_w \times \dfrac{n}{G_{ww}}$

N_{ww} : 웜 휠 회전수(rpm), N_w : 웜 회전수(rpm), n : 웜 줄 수, G_{ww} : 웜 휠 잇수

4 변속비

$$\frac{N_{in}}{N_{out}} = \frac{G_{out}}{G_{in}}$$

N_{in} : 구동축 회전수, N_{out} : 피동축 회전수, G_{in} : 구동기어 잇수, G_{out} : 피동기어 잇수

5 출력

① $B_{kW} = \left(\dfrac{2\pi}{102 \times 9.8 \times 60}\right) \times T \times N = \dfrac{1}{102} \times \dfrac{T}{9.8} \times \dfrac{2\pi N}{60}$

B_{kW} : 축의 전달 동력(kW), 2π : 상수(1rev=360°=2π), T : 토크(N·m), N : 회전수(rpm),
1/102 : 상수(1kgf·m/sec=1/102kW), 1/60 : 상수(1rps=1/60rpm),
1/9.8 : 상수(1N·m≒1/9.8kgf·m)

② $B_{kW} = \left(\dfrac{0.001}{102 \times 9.8 \times 60}\right) \times F \times v = \left(\dfrac{0.001}{102 \times 9.8 \times 60}\right) \times (\mu W) \times (2\pi r N)$

$\quad = \dfrac{1}{102} \times \left(\mu \times \dfrac{W}{9.8}\right) \times \left(2\pi \times 0.001 \times r \times \dfrac{N}{60}\right)$

B_{kW} : 전달 동력(kW), F : 총 마찰력(N), μ : 마찰계수, W : 수직항력(N), v : 원주 속도(mm/min),
r : 평 마찰차 반경(mm), N : 평 마찰차 회전수(rpm), 2π : 상수(1rev=360°=2π),
0.001 : 상수(1mm=0.001m), 1/102 : 상수(1kgf·m/sec=1/102kW),
1/9.8 : 상수(1N≒1/9.8kgf), 1/60 : 상수(1rps=1/60rpm)

③ $B_{kW} = \left(\dfrac{1}{102 \times 60 \times \eta}\right) \times \gamma \times Q \times H$

B_{kW} : 펌프 동력(kW), γ : 물 비중량(kgf/m³), Q : 펌프 유량(m³/sec), H : 전양정(m),
1/102 : 상수(1kgf·m/sec=1/102kW), 1/60 : 상수($\dfrac{1}{1\text{min}} = \dfrac{1}{60\text{sec}}$), η : 펌프효율

④ $B_{kW} = \left(\dfrac{1}{102 \times 100 \times \eta}\right) \times (10.1 \times P) \times \left(\dfrac{1000}{60} \times Q\right)$

B_{kW} : 펌프 동력(kW), P : 펌프 송출압력(MPa), Q : 펌프 유량(L/min),
10.1 : 상수(1MPa≒10.1kgf/cm²), 1000 : 상수(1l=1,000cm³), 1/102 : 상수(1kgf·m/sec=1/102kW),
1/100 : 상수(1kgf·cm/sec=1/100kgf·m/sec), 1/60 : 상수($\dfrac{1}{1\text{min}} = \dfrac{1}{60\text{sec}}$), η : 펌프효율

⑤ $B_{PS} = \dfrac{2\pi \times T \times n}{75 \times 100 \times 60}$

B_{PS} : 축출력(PS), 2π : 상수(1rev=360°=2π), T : 토크(kgf·m), n : 엔진 회전수(rpm),
1/75 : 상수(1kgf·m/sec=1/75PS), 1/100 : 상수(1kg·cm/sec=1/100kg·m/sec),
1/60 : 상수(1rps=1/60rpm)

6. 토크

$$T = \dfrac{B_{PS} \times 75 \times 100 \times 60}{2\pi \times n} = \left(\dfrac{75 \times 100 \times 60}{2\pi}\right) \times \dfrac{B_{PS}}{n} \approx 71620 \times \dfrac{B_{PS}}{n}$$

T : 축 토크(kgf·m), B_{PS} : 축 출력(PS), 2π : 상수(1rev=360°=2π), n : 엔진 회전수(rpm),
1/75 : 상수(1kgf·m/sec=1/75PS), 1/100 : 상수(1kg·cm/sec=1/100kg·m/sec),
1/60 : 상수(1rps=1/60rpm)

7. 펌프의 전양정

펌프의 전양정(m) = [송출압력(N/mm^2) × 10.2 × 10] + [흡입진공압력(N/mm^2) × 10.2 × 10] + [압력계와 진공계 사이의 높이차]

10.2 : 상수($1N/mm^2 ≒ 10.2 kgf/cm^2$), 10 : 상수(물기둥 10m의 압력=$1kgf/cm^2$)

8. 전체 효율

$\eta_{tot} = (\eta_v \times \eta_p \times \eta_m) \times 100$

η_{tot} : 전체효율(%), η_v : 용적(체적)효율, η_p : 압력효율, η_m : 기계효율

9 나사의 피치(p)와 리드(l)

$$p = \frac{l}{n}, \quad l = n \times p$$

l : 리드(mm), n : 줄 수, p : 피치(mm)
- 리드 : 나사가 1회전 할 때 축 방향으로 움직인 거리

10 절삭속도(rpm을 m/min으로 변환)

$$N(\text{rpm}) = \frac{N\,\text{rev}}{1\,\text{min}} = \frac{(2\pi r \times N)\text{mm}}{1\,\text{min}} = \frac{\left(2\pi \times \dfrac{D}{2} \times N\right)\text{mm}}{1\,\text{min}} = \frac{(\pi DN)\text{mm}}{1\,\text{min}} = \frac{\left(\dfrac{\pi DN}{1000}\right)\text{m}}{1\,\text{min}}$$

$$= \left(\frac{\pi DN}{1,000}\right)\text{m/min}$$

2π : 상수(1rev=360°=2π), r : 반지름(mm), D : 지름(mm), N : 회전수(rpm)

11 스프링의 변형량

$$\delta = \frac{P}{k}$$

δ : 변형량, P : 인장하중(N), k : 합성스프링 상수(N/mm)

직렬연결 합성스프링 상수 : $\dfrac{1}{k} = \dfrac{1}{k_1} + \dfrac{1}{k_2}$ 병렬연결 합성스프링 상수 : $k = k_1 + k_2$

k : 합성스프링 상수(N/mm)

12 버니어캘리퍼스의 최소 눈금

최소눈금 = 어미자눈금 − 아들자눈금

13 마이크로미터의 측정값

마이크로미터 측정값 = 어미눈금 + 딤블눈금

14 볼 베어링의 안지름

안지름(mm) = 안지름번호 × 5

> **볼 베어링의 호칭치수 (예 6008)**
> - 6 : 베어링 종류 번호
> - 0 : 베어링 지름 번호
> - 08 : 베어링 안지름 번호

15 베어링의 수명

$$L_h = \left(\frac{C}{P}\right)^x \times 500 \times \frac{33.3}{N}$$

> L_h : 정격수명(h), C : 기본정격하중(N), P : 베어링에 작용하는 하중(N), N : 베어링 회전수(rpm), x : 베어링 지수(3 : 볼베어링, 10/3 : 롤러베어링), 500 : 상수(500h), 33.3 : 상수(33.3rpm)

16 기 어

① 중심거리

$$a = \frac{M(z_1 + z_2)}{2} = \frac{d_1 + d_2}{2}$$

> a : 중심거리(mm), M : 모듈, z_1 : 큰 기어 잇수, z_2 : 작은 기어 잇수, d_1 : 큰 기어 피치원 지름(mm), d_2 : 작은 기어 피치원 지름(mm)

② 기어 잇수

$$z = \frac{d}{M}$$

z : 기어 잇수, d : 기어 피치원 지름, M : 모듈

③ 기어 바깥지름

$$D = M(z+2)$$

D : 기어 외경(mm), M : 기어 모듈, z : 기어 잇수

17 라미의 정리

라미의 정리

$$\frac{F_1}{\sin\theta_1} = \frac{F_2}{\sin\theta_2} = \frac{F_3}{\sin\theta_3} , \quad \frac{F_1}{\sin\theta'_1} = \frac{F_2}{\sin\theta'_2} = \frac{F_3}{\sin\theta'_3}$$

라미의 정리
세 힘이 평형을 이루는 경우에 두 벡터가 이루는 각과 나머지 한 벡터의 크기와 관련된 관계식

18 변형량

$$\delta = \frac{Pl}{AE} = \frac{P \times l}{\left(\frac{\pi d^2}{4}\right) \times E}$$

δ : 변형량(m), P : 하중 또는 힘(N), l : 변형 전 길이(m), A : 단면적(m²), E : 탄성계수(N/m²), d : 직경(m)

19 탄성에너지

$$u_1 = \frac{1}{2}P\delta = \frac{1}{2} \times P \times \frac{Pl}{AE} = \frac{1}{2} \times P \times \sigma \times \frac{l}{E} = \frac{1}{2} \times \sigma A \times \sigma \times \frac{l}{E} = \frac{\sigma^2 Al}{2E}$$

u_1 : 단위체적당 저장되는 탄성에너지, P : 하중 또는 힘, δ : 변형량($\delta = \frac{Pl}{AE}$), E : 탄성계수, σ : 인장응력($\sigma = \frac{P}{A}$), A : 단면적, l : 길이

20 변형률

$$\epsilon = \frac{\delta}{l_1} = \frac{l_2 - l_1}{l_1}$$

ϵ : 변형률, δ : 변형된 길이(cm), l_2 : 변형 후 길이(cm), l_1 : 변형 전 길이(cm)

21 응 력

① $\sigma = \dfrac{P}{A} = \dfrac{P}{B \times h}$

σ : 응력(MPa), P : 하중 또는 힘(N), A : 단면적(mm^2), B : 키 폭(mm), h : 키 높이(mm)

② $\sigma = \dfrac{P}{A} = \dfrac{P}{\dfrac{\pi d^2}{4}}$

σ : 응력(N/mm^2), P : 하중 또는 힘(N), A : 단면적(mm^2), d : 직경(mm)

③ $\sigma = \dfrac{P}{A} = \dfrac{P}{\phi(p - d_r)}$

σ : 응력(N/mm^2), P : 하중 또는 힘(N), A : 단면적(mm^2), ϕ : 판 두께(mm), p : 피치(mm), d_r : 리벳 지름(mm)

④ $\sigma = \dfrac{\sigma_{\max}}{S}$

σ : 응력(N/mm^2), $\sigma_{\max}$: 인장강도(N/mm^2), S : 안전율

⑤ $\sigma = E \times \dfrac{\left(\dfrac{d}{2}\right)}{\rho}$

σ : 응력, E : 탄성계수(비례상수), d : 강선의 지름(cm), ρ : 원통의 반지름(cm)

⑥ $\sigma = E \times \epsilon = E \times [\alpha \times (T_2 - T_1)]$

σ : 응력, E : 탄성계수, ϵ : 변형률, α : 선팽창계수, $T_2 - T_1$: 온도변화(℃)

22 인장강도

$$\sigma_{\max} = \frac{P \times d \times S}{2 \times \phi}$$

$\sigma_{\max}$: 인장강도(N/cm²), P : 내압(N/cm²), d : 내경(cm), S : 안전계수(안전율), ϕ : 판 두께(cm)

23 볼트의 골지름

$$d = \sqrt{\frac{4 \times A}{\pi}}$$

d : 골 지름(mm), A : 단면적(mm²)

24 나사의 바깥지름(호칭지름)

$$d = \sqrt{\frac{2P}{\sigma}}$$

d : 바깥지름(mm), P : 하중(N), σ : 허용응력(N/mm²)

미터나사의 규격 표시(예 M5×0.9)
- M : 미터나사
- 5 : 나사 바깥지름=호칭지름(mm)
- 0.9 : 나사 피치(mm)

25　중앙 집중하중 작용 시 모멘트

① $M = \dfrac{Pl}{4}$

M : 단순보에서 중앙 집중하중 작용 시 최대 모멘트(kgf·m), P : 집중하중(kgf), l : 보 길이(m)

② $M = Pl$

M : 외팔보에서 중앙 집중하중 작용 시 최대 모멘트(kgf·m), P : 집중하중(kgf), l : 보 길이(m)

26　외팔보의 자유단에 작용시킬 수 있는 집중하중

$$\delta_{\max} = \dfrac{Pl^3}{3EI}, \quad P = \dfrac{3EI}{l^3} \times \delta_{\max} = \dfrac{3 \times E \times \dfrac{\pi d^4}{64} \times \delta_{\max}}{l^3}$$

P : 집중하중(Pa), E : 세로탄성계수(GPa), l : 보 길이(m), I : 원형단면축 관성모멘트,
$\delta_{\max}$: 외팔보 자유단에 최대 처짐량(m)

27　사격형 단면 단순보에서 균일 분포하중 작용 시 응력

$$\sigma = \dfrac{M}{Z} = \dfrac{\dfrac{Pl}{4}}{\dfrac{Bh^2}{6}}$$

σ : 최대 굽힘 응력(N/m²), M : 단순보에서 균일(등)분포하중 작용 시 최대 굽힘 모멘트(N·m),
Z : 사각형 단면계수(m³), P : 분포하중(N/m), l : 보 길이(m), B : 사각형 폭(m), h : 사각형 높이(m)

28 단순보에서 R_A와 R_B의 값

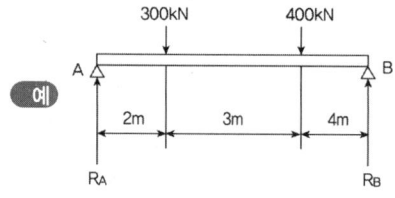

- $P_1 l_1 + P_2 l_2 - R_B l = 0$
- $R_B = \dfrac{P_1 l_1 + P_2 l_2}{l} = \dfrac{(300\text{kN} \times 2\text{m}) + [400\text{kN} \times (2\text{m}+3\text{m})]}{2\text{m}+3\text{m}+4\text{m}} = \dfrac{2{,}600\text{kN} \cdot \text{m}}{9\text{m}}$
  $\approx 288.9 kN$
- $R_A = P_1 + P_2 - R_B = 300\text{kN} + 400\text{kN} - 288.9\text{kN} = 411.1\text{kN}$

29 단식블록 브레이크에서 브레이크에 가해지는 힘(F)

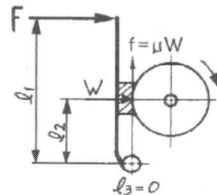

$$Fl_1 = Wl_2, \quad F = \dfrac{Wl_2}{l_1}$$

30 비틀림 모멘트

① 원형중공축 비틀림 모멘트

$$T = \tau \times Z_p = \tau \times \dfrac{\pi(d_2^4 - d_1^4)}{16 d_2}$$

T : 비틀림 모멘트, τ : 비틀림 응력, Z_p : 원형중공축 극단면계수, d : 축의 지름

② 원형단면축(중실축) 비틀림 모멘트

$$T = \tau \times Z_p = \tau \times \dfrac{\pi d^3}{16}$$

T : 비틀림 모멘트, τ : 비틀림 응력, Z_p : 원형단면축(중실축) 극단면계수, d : 축의 지름

원형단면축(중실축) 비틀림 응력

$$\tau = \frac{T}{Z_p} = \frac{T}{\dfrac{\pi d^3}{16}} = \frac{16T}{\pi d^3}$$

τ : 비틀림 응력, T : 비틀림 모멘트, Z_p : 원형단면축 극단면계수, d : 축의 지름

31. 원형단면축(중실축)의 지름

① $d = \sqrt[3]{\dfrac{Z_p \times 16}{\pi}}$

d : 축의 지름(mm), Z_p : 원형단면축 극단면계수(mm^3)

② $d = \sqrt[3]{\dfrac{Z \times 32}{\pi}}$

d : 축의 지름(mm), Z : 원형단면축 단면계수(mm^3)

- 원형단면축 극단면계수(Z_p) : $\dfrac{\pi d^3}{16}$
- 원형단면축 단면계수(Z) : $\dfrac{\pi d^3}{32}$
- 원형단면축 극관성모멘트(I_p) : $\dfrac{\pi d^4}{32}$
- 원형단면축 관성모멘트(I) : $\dfrac{\pi d^4}{64}$

32. 비틀림 각(Radian을 Degree로 변환)

$$\theta = \frac{Tl}{GI_P} = \frac{\dfrac{Tl}{1}}{\dfrac{G}{1} \times \dfrac{\pi d^4}{32}} = \frac{32\,Tl}{\pi d^4 G} \rightarrow \frac{32\,Tl}{\pi d^4 G} \times \frac{180°}{\pi} = \frac{5760\,Tl}{\pi^2 d^2 G} = \frac{5760\,Tl}{(3.14)^2 \times d^4 \times G} \approx \frac{584\,Tl}{d^4 G}$$

θ : 비틀림 각(°), T : 비틀림 모멘트(N·mm), l : 축 길이(mm), G : 전단탄성계수(N/mm^2), I_P : 원형단면축 극관성 모멘트, d : 축 지름(mm)

$1\,rad = \dfrac{180°}{\pi}$

02 자동차 엔진

1 절대온도

절대온도(K)≒섭씨온도(℃)+273

2 정미 열효율(또는 제동 열효율)

정미 열효율(%)=(지시열효율×기계효율)×100

기계효율(%)=(제동열효율÷지시열효율)×100

3 가솔린 기관의 이론 열효율

$$\eta_{otto}[\%] = \left[1 - \left(\frac{1}{\epsilon^{\kappa-1}}\right)\right] \times 100$$

η_{otto} : 오토사이클 열효율, ϵ : 압축비, κ : 비열비

4 압축비

$$\epsilon = \frac{V_{cy}}{V_c} = \frac{V_c + V_d}{V_c} = 1 + \frac{V_d}{V_c} = 1 + \frac{V_d}{V_{cy} - V_d}$$

ϵ : 압축비, V_{cy} : 실린더체적, V_c : 연소실체적, V_d : 행정체적

5 배기량(또는 행정체적)

$$\epsilon = \frac{V_{cy}}{V_c} = \frac{V_c + V_d}{V_c} = 1 + \frac{V_d}{V_c}, \quad V_d = V_c(\epsilon - 1)$$

V_d : 행정체적, V_c : 연소실체적, ϵ : 압축비, V_{cy} : 실린더체적

6 총 배기량(또는 총 행정체적)

$$V_d = \left(\frac{\pi d^2}{4} \times l\right) \times n$$

V_d : 행정체적(cm^3), d : 실린더 내경(cm), l : 실린더(또는 피스톤) 행정(cm), n : 실린더 수

7 연소실 체적(또는 간극체적)

$$\epsilon = \frac{V_{cy}}{V_c} = \frac{V_c + V_d}{V_c} = 1 + \frac{V_d}{V_c}, \quad V_c = \frac{V_d}{\epsilon - 1}$$

V_d : 행정체적, V_c : 연소실체적, ϵ : 압축비, V_{cy} : 실린더체적

8 피스톤 평균속도

$$\overline{S} = \frac{2L \times N}{60}$$

$\overline{S}$: 피스톤 평균속도(m/s), L : 피스톤(또는 실린더) 행정(m), N : 크랭크축(또는 엔진) 회전수(rpm), 1/60 : 상수(1rps=1/60rpm)

9 가스 흐름속도

$$d_v = d \times \sqrt{\frac{\overline{S}}{v}}, \quad v = \frac{d^2 \times \overline{S}}{d_v^2}$$

v : 가스 흐름속도(m/s), d : 실린더 내경(m), $\overline{S}$: 피스톤 평균속도(m/s), d_v : 밸브 지름(m)

10 착화지연기간

$$I_t = \left(\frac{N}{60}\right) \times 360 \times t = 6Nt, \quad t = \frac{I_t}{6N}$$

t : 착화지연기간(sec), I_t : 크랭크축 회전각도(°), N : 엔진 회전수(rpm), 1/60 : 상수(1rps=1/60rpm), 360 : 상수(1rev=360°)

11 4기통 엔진 점화순서

예제

점화순서가 1-3-4-2인 기관에서 2번 실린더가 배기행정이면 1번 실린더의 행정으로 옳은 것은?

애 • 4기통 엔진의 점화순서 문제가 나오면 먼저 문제에서 제시한 점화순서를 적습니다. 이 문제에서는 1-3-4-2입니다. 그리고 문제에서 몇 번 실린더가 무슨 행정이라고 적혀있는데, 1-3-4-2 밑에 문제에서 제시한 몇 번 실린더가 무슨 행정을 했는지를 적습니다. 그 다음 점화순서의 반대 방향으로 다음 행정을 적으면 다음과 같습니다.

1	←	3	←	4	←	2
폭발		압축		흡입		배기

12 6기통 엔진 점화순서

예제

점화순서가 1-5-3-6-2-4인 직렬 6기통 기관에서 2번 실린더가 흡입 초 행정일 경우 1번 실린더의 상태는?

애 • 6기통 점화에서 문제가 나오면 일단 '피자판'을 그립니다. 그리고 숫자를 제외한 나머지 부분을 그림 (1)과 같이 그린 다음 문제를 보세요. 이번 문제는 "2번 실린더가 흡입 초 행정일 경우 1번 실린더의 상태는?" 하고 묻고 있습니다. 따라서, 그림 (2)와 같이 '2'를 '흡입 초'에 표기합니다. 그리고 반시계 방향으로 한 칸씩 띄우면서 점화 순서대로 씁니다. 이 문제에서는 점화 순서가 1-5- 3-6-2-4'이니 2 다음에 한 칸 띄우고 4, 그 다음에 한 칸 띄우고 1, 5, 3, 6을 씁니다. 그렇게 써넣고 나서 문제에서 묻는 것을 찾아서 쓰면 됩니다.

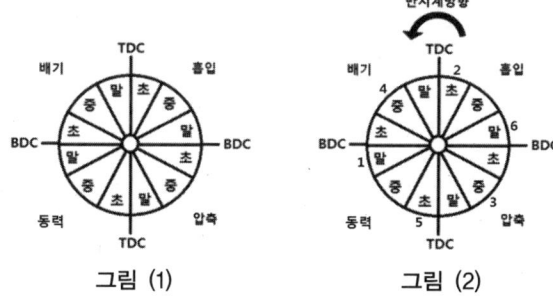

그림 (1)　　　그림 (2)

13 공기과잉률(λ)

예제

엔진의 실제 운전에서 혼합비가 16.8 : 1일 때 공기과잉률(λ)은?(단, 이론 혼합비는 14.8 : 1이다)

애 • 이론 혼합비는 14.8:1로서 λ=1입니다.

$14.8 : 1 = 16.8 : x$,　$14.8x = 16.8$,　$x = \dfrac{16.8}{14.8} \approx 1.14$

∴ 혼합비가 16.8 : 1일 때 공기과잉률(λ)은 1.14입니다.

14　제동 연료소비율

예제

45PS를 내는 가솔린 기관이 5시간에 100l의 연료를 소비하였다면 제동 연료소비율은 몇 g/PS·h인가?(단, 연료의 비중은 0.74이다)

해
- 연료의 밀도를 구합니다.

  4℃ 상태 물의 밀도는 표준물질로서 1kg/l이며, 0.74×1kg/l=0.74kg/l이므로, 연료의 밀도는 0.74 kg/l 입니다.

- 연료의 질량을 구합니다.

  연료의 체적이 100l로 주어졌고 $(0.74\frac{\text{kg}}{l})\times 100l = 74\text{kg}$이므로, 연료의 질량은 74,000g입니다. 즉, 45PS×5h=225PS·h이므로, 연료소비율(g/PS·h)은 $\frac{74,000\text{g}}{225\text{PS}\cdot\text{h}} \approx 329\text{g/PS}\cdot\text{h}$ 입니다.

15　열효율

① $\eta_e = \dfrac{632.5 \times B_{PS}}{H_r \times G \times \gamma} \times 100$

> η_e : 열효율(%), 632.5 : 상수(1PS=632.5kcal/h), B_{PS} : 마력(PS), H_r : 단위 중량당 연료 저위발열량(kcal/kg), G : 단위 시간당 연료소비량(kg/h), γ : 연료 비중

② $\eta_e = \dfrac{632.5}{H_r \times B_e \times \gamma} \times 100$

> η_e : 열효율(%), 632.5 : 상수(1PS=632.5kcal/h), H_r : 단위 중량당 연료 저위발열량(kcal/kg), B_e : 연료소비율(kg/PS·h), γ : 연료 비중

16. 체적효율

$$\eta_v = \frac{m_{a\_rea.}}{m_{a\_stoi.}} = \frac{m_{a\_rea.}}{V_d} \times 100 = \frac{m_{a\_rea.}}{\left(\frac{\pi d^2}{4} \times L\right) \times n} \times 100$$

η_v : 체적효율(%), $m_{a\_rea.}$: 실제 흡입 공기량(cc), $m_{a\_stoi.}$: 이론상 흡입 가능한 공기량(cc), V_d : 행정체적(cm^3), d : 실린더 내경(cm), L : 실린더(또는 피스톤) 행정(cm), n : 실린더 수

17. 축출력(또는 제동마력 또는 정미마력)

$$B_{PS} = \frac{2\pi \times T \times N}{75 \times 60}$$

B_{PS} : 축출력(PS), 2π : 상수(1rev=360°=2π), T : 토크(kgf·m), N : 엔진 회전수(rpm), 1/102 : 상수(1kgf·m/sec=1/75PS), 1/60 : 상수(1rps=1/60rpm)
축출력=도시마력×기계효율

18. 도시마력(또는 지시마력)

$$I_{PS} = \frac{imep \times (\frac{\pi d^2}{4} \times l \times n) \times N}{75 \times 100 \times 60 \times n_R}$$

I_{PS} : 도시마력(PS), $imep$: 도시평균유효압력(kgf/cm^2), d : 실린더 지름(cm), l : 실린더 행정(cm), n : 실린더 수, N : 엔진 회전수(rpm), n_R : 상수(4행정=2, 2행정=1), 1/75 : 상수(1kgf·m/sec=1/75PS), 1/60 : 상수(1rps=1/60rpm), 1/100 : 상수(1kgf·cm/sec=1/100kgf·m/sec)

19. SAE 마력

① 실린더 내경 : mm 단위

$$SAE = \frac{M^2 N}{1613}$$

M : 실린더 내경(mm), N : 기통 수

② 실린더 내경 : inch 단위

$$SAE = \frac{D^2 N}{2.5}$$

SAE : SAE 마력(PS), D : 실린더 내경(inch), N : 기통 수

20. 도로 부하마력

$$도로\ 부하마력(PS) = \frac{관성중량(kg)}{136} = \frac{136 + 차량중량(kg)}{136} = 1 + \frac{차량중량(kg)}{136}$$

21. 밸브의 지름

$d = 4h$

d : 밸브 지름(mm), h : 밸브 양정(mm)

22 분사량 및 불균율

① 최소분사량 = 각 노즐 분사량 중 가장 적은 분사량

② 평균분사량 = $\dfrac{각\ 실린더\ 분사량의\ 합}{실린더\ 수}$

③ 최대분사량 = 각 노즐 분사량 중 가장 많은 분사량

④ (+) 불균율(%) = $\dfrac{최대분사량 - 평균분사량}{평균분사량} \times 100$

⑤ (−) 불균율(%) = $\dfrac{평균분사량 - 최소분사량}{평균분사량} \times 100$

03 자동차 섀시

1 주기

$$주기(\text{sec}) = \frac{1}{주파수(\text{Hz})}$$

2 엔진의 실마력

$$B_{PS} = \frac{F \times v}{75 \times \eta}$$

B_{PS} : 실마력(PS), F : 힘(kgf), v : 속도(km/h), 1/75 : 상수(1kgf·m/sec=1/75PS), η : 동력전달효율

3 토크컨버터의 토크비

$$\mu = \frac{T_t}{T_p}$$

μ : 토크비, T_t : 터빈 토크(kgf·m), T_p : 펌프 토크(kgf·m)

4 토크컨버터의 토크효율

$$\eta_t = \frac{T_{out}}{T_{in}} \times \frac{N_{out}}{N_{in}} = R_T \times R_S$$

η_t : 토크효율, T_{in} : 입력 토크, T_{out} : 출력 토크, N_{in} : 입력 회전수, N_{out} : 출력 회전수, R_T : 토크비, R_S : 속도비

5 클러치의 전달효율

$$\eta_c = (R_T \times R_S) \times 100 = \left(\frac{T_{out}}{T_{in}} \times \frac{N_{out}}{N_{in}}\right) \times 100$$

η_c : 클러치 전달효율(%), R_T : 토크비, R_S : 속도비, T_{in} : 엔진 토크(kgf·m), T_{out} : 클러치 출력 토크(kgf·m), N_{in} : 엔진 회전수(rpm), N_{out} : 변속기 입력축 회전수(rpm)

6 변속비

$$\frac{N_{in}}{N_{out}} = \frac{T_{out}}{T_{in}}$$

N_{in} : 구동축 회전수, N_{out} : 피동축 회전수, T_{in} : 구동축 토크, T_{out} : 피동축 토크

7 제동력

$$F_b = ma$$

F_b : 힘(N), m : 질량(kg), v : 가속도 또는 감속도(m/s^2)

8 중량

$$W = mg$$

W : 중량(N), m : 질량(kg), g : 중력가속도(m/s^2)

9 공기저항

$$R_a = \mu a \times A \times V^2$$

R_a : 공기저항(kgf), μa : 공기저항계수, A : 자동차 전면 투영 면적(m^2),
V : 자동차의 공기에 대한 상대속도(m/s)

10 구름저항

$$R_r = \mu r \times W$$

R_r : 구름저항(kgf), μr : 구름저항계수, W : 차량 총중량(kgf)

11 구배저항

$$R_g = W \times \sin\theta$$

R_g : 구배저항(kgf), W : 차량 총중량(kgf), θ : 노면 경사각(°)

12 총 주행저항

$$R_{tot} = R_a + R_r + R_g + R_{etc.}$$

R_{tot} : 총 주행저항(kgf), R_a : 공기저항(kgf), R_r : 구름저항(kgf), R_s : 구배저항(kgf),
$R_{etc.}$: 기타 저항(kgf)

13 바퀴 회전수

예제

엔진 회전수가 3,000rpm으로 주행 중인 자동차에서 수동변속기의 감속비가 0.6이고, 차동장치 구동피니언의 잇수가 7, 링기어의 잇수가 35일 때, 왼쪽바퀴가 500rpm으로 회전한다면 오른쪽 바퀴의 회전속도는?

해 • 추진축 회전수를 구합니다.

$$N_p = \frac{N_e}{R_T} = \frac{3{,}000\,\text{rpm}}{0.6} = 5{,}000\,\text{rpm}$$

• 종감속비를 구합니다.

$$R_F = \frac{G_r}{G_p} = \frac{35}{7} = 5$$

• 양쪽 바퀴 회전수를 구합니다.

$$N_{tot} = \left(\frac{N_p}{R_F}\right) \times 2 = \left(\frac{5000\,\text{rpm}}{5}\right) \times 2 = 2000\,\text{rpm}$$

• 오른쪽 바퀴 회전수를 구합니다.

$$N_{tr} = N_{tot} - N_{tl} = 2000 - 500 = 1500(\text{rpm})$$

N_p : 추진축 회전수(rpm), N_e : 엔진 회전수(rpm), R_T : 변속비, R_F : 종감속비, G_r : 링기어 잇수, G_p : 구동 피니언 잇수, N_{tot} : 양쪽 바퀴 회전수(rpm), $\frac{N_p}{R_F}$: 한쪽 바퀴 회전수(rpm), R_F : 종감속비, N_{tr} : 오른쪽 바퀴 회전수(rpm), N_{tl} : 왼쪽 바퀴 회전수(rpm)

14 바퀴 속도(rpm을 km/h로 변환)

$$N(\text{rpm}) = \frac{N\,\text{rev}}{1\,\text{min}} = \frac{\left(\frac{2\pi r \times N}{1}\right)\text{m}}{\left(\frac{1}{60}\right)\text{h}} = \frac{\left[\left(\frac{2\pi r \times N}{1}\right) \times \frac{1}{1{,}000}\right]\text{km}}{\left(\frac{1}{60}\right)\text{h}} = \left(2\pi r \times N \times \frac{60}{1000}\right)\text{km/h}$$

2π : 상수($1\text{rev}=360°=2\pi$), r : 바퀴 반지름(m), N : 바퀴 회전수(rpm)

15. 바퀴 토크

$$T_w = T_e \times R_{tot} \times \eta = T_e \times (R_T \times R_F) \times \eta = T_e \times \left[R_T \times \left(\frac{G_r}{G_p} \right) \right] \times \eta$$

T_w : 바퀴 토크(kgf·m), T_e : 엔진 토크(kgf·m), R_{tot} : 최종감속비, η : 동력전달효율, R_T : 변속비, R_F : 종감속비, G_r : 링기어 잇수, G_p : 구동 피니언 잇수

16. 추진축의 위험 회전수

$$P_c = 0.12 \times 10^9 \times \frac{\sqrt{D^2 + d^2}}{l^2}$$

P_c : 추진축 위험 회전수(rpm), D : 추진축 외경(mm), d : 추진축 내경(mm), l : 추진축 길이(mm), 0.12 : 상수, 10^9 : 상수

17. 타이어의 부하율

$$R_l = \left(\frac{W_x}{W_t \times n} \right) \times 100$$

R_l : 타이어 부하율(%), W_x : 해당 축중(kg), W_t : 해당 축의 타이어 허용하중(kg), n : 해당 축의 타이어 수

18. 공주거리

$$S_1 = |\vec{v}| \times t$$

S_1 : 공주거리(m), $\vec{v}$: 제동 초속도(m/s), t : 공주시간(s)

19 제동거리

$$S_2 = \frac{(|\vec{v}|)^2}{2\mu g}$$

S_2 : 제동거리(m), $\vec{v}$: 제동 초속도(m/s), t : 제동시간(s), μ : 마찰계수, g : 중력가속도(9.8m/s^2)

20 정지거리

$$S = S_1 + S_2$$

S : 정지거리(m), S_1 : 공주거리(m), S_2 : 제동거리(m)

21 변 위

$$\vec{t} = \frac{\vec{S}}{\vec{v}}$$

$\vec{S}$: 변위(km), $\vec{v}$: 속도(km/h), $\vec{t}$: 시간(h)

22 처음속도

$$\sqrt{2aS} = v - v_0, \quad v_0 = \sqrt{2aS} - v$$

v_0 : 처음속도(m/s), a : 가속도 또는 감속도(m/s^2), S : 변위(m), v : 나중속도(m/s)
제동 상황 시 운동방향이 바뀌는 순간 나중속도(v)는 0이 됩니다.

23 가속도

$$a = \frac{v_f - v_i}{t}$$

a : 가속도(m/s^2), v_f : 나중속도(m/s), v_i : 처음속도(m/s), t : 소요시간(s)

24 브레이크 토크

$T = \mu F R$

T : 브레이크 토크(kgf·m), μ : 마찰계수, F : 브레이크슈 힘(kgf), R : 브레이크 드럼 반경(m)

25 구동력

$F = \dfrac{T}{\mu R}$

F : 구동력(kgf), T : 구동바퀴 토크(kgf·m), μ : 마찰계수, R : 구동바퀴 반경(m)

26 마찰력

$F = \mu \times P \times n$

F : 마찰력(N), μ : 마찰계수, P : 수직하중(N), n : 코일스프링 수

27 휠 실린더의 압력

예제

단면적이 3cm²인 마스터 실린더 내의 피스톤로드가 60kgf의 힘으로 피스톤을 밀어낸다면, 단면적 6cm²인 휠 실린더의 피스톤은 몇 kgf으로 브레이크슈를 작동시키는가?

해
- $P_m = \dfrac{F_m}{A_m} = \dfrac{F_m}{\pi r^2} = \dfrac{60\mathrm{kgf}}{3\mathrm{cm}^2} = 20\mathrm{kgf/cm}^2$

  P_m : 마스터 실린더 압력(kgf/cm²), F_m : 푸시로드 힘(kgf), A_m : 마스터 실린더 단면적(cm²), r : 마스터 실린더 반경(cm)

- 파스칼 원리에 의해 마스터 실린더 압력(P_m)=휠 실린더 압력(P_w)입니다.

  $P_m = P_w$, $\dfrac{F_m}{A_m} = \dfrac{F_w}{A_w}$, $20\mathrm{kgf/cm}^2 = \dfrac{F_w}{6\mathrm{cm}^2}$, $F_w = 20\mathrm{kgf/cm}^2 \times 6\mathrm{cm}^2 = 120\mathrm{kgf}$

  P_w : 휠 실린더 압력(kgf/cm²), F_w : 휠 실린더 피스톤 힘(kgf), A_w : 휠 실린더 단면적(cm²)

28 지렛대 비

① 플로어형 페달

$B : A = x : 1$

A : 고정 핀에서부터 푸시로드까지의 거리(cm), B : 고정 핀에서부터 페달 중심까지의 거리(cm), x : 지렛대 비

② 팬던트형 페달

$(A + B) : A = x : 1$

A : 고정 핀(지지점)에서부터 푸시로드까지의 거리(cm), B : 푸시로드에서부터 페달 중심까지의 거리(cm), x : 지렛대 비

29 최소회전반경

$$R = \frac{L}{\sin\alpha} + r$$

R : 최소회전반경(m), L : 축간거리(m), α : 바깥쪽 앞바퀴의 조향각(°), r : 바퀴 접지면 중심과 킹핀과의 거리(m)

30 조향 기어비

$$조향기어비 = \frac{스티어링휠이\ 움직인\ 각도(°)}{피트먼암이\ 움직인\ 각도(°)}$$

04 자동차 전기

1 저항

① $R = \dfrac{v}{i}$

R : 저항(Ω), v : 전압(V), i : 전류(A)

② $R = \rho \dfrac{l}{A}$

R : 저항(Ω), ρ : 고유저항(Ω), l : 도선의 길이(cm), A : 도선의 단면적(cm²)

③ $P_E = v \times i = v \times \left(\dfrac{v}{R}\right) = \dfrac{v^2}{R}$, $R = \dfrac{v^2}{P_E}$

R : 저항(Ω), P_E : 전력(W), v : 전압(V), i : 전류(A)

2 합성저항

① 직렬회로

$R_{tot} = R_1 + R_2 \cdots + R_n$

R_{tot} : 합성저항(Ω), $R_1, R_2 \cdots R_n$: 각각의 저항(Ω)

② 병렬회로

$\dfrac{1}{R_{tot}} = \dfrac{1}{R_1} + \dfrac{1}{R_2} \cdots + \dfrac{1}{R_n}$

R_{tot} : 합성저항(Ω), $R_1, R_2 \cdots R_n$: 각각의 저항(Ω)

3 전류

$$i = \frac{v}{R}$$

i : 전류(A), v : 전압(V), R : 저항(Ω)

4 출력

$$P_E = v \times i$$

P_E : 전력(W), v : 전압(V), i : 전류(A)

5 유도 기전력

① $V_i = L \times \dfrac{di}{dt}$

V_i : 유도기전력(V), L : 인덕턴스(H) di : 전류 변화(A), dt : 시간 변화(sec)

② $V_i = \dfrac{Z \times P \times \Phi \times N}{n \times 60}$

V_i : 유도기전력(V), Z : 도체수, P : 자극수, Φ : 자속(Wb), N : 회전수(rpm), n : 병렬회로 수, 1/60 : 상수(1rps=1/60rpm)

6 점화코일의 2차코일 전압

$$V_2 = V_1 \times \frac{N_2}{N_1}$$

V_2 : 2차코일 전압(V), V_1 : 1차코일 전압(V), N_1 : 1차코일 권수, N_2 : 2차코일 권수

7 점화 및 착화시기

예제

기관 회전수가 800rpm, 착화지연시간이 1ms, 착화 후 최대 폭발압력이 나타날 때까지 시간이 2ms일 때 ATDC 10°에서 최대 압력이 발생되게 하는 점화시기는?

예
- $I_t = \left(\dfrac{N}{60}\right) \times 360 \times t = 6Nt = 6 \times 800 \text{rpm} \times 1 \text{ms} = 6 \times 800 \text{rpm} \times \dfrac{1}{1000} \sec = 4.8°$

I_t : 크랭크축 회전각도(°), N : 엔진 회전수(rpm), t : 착화지연기간(sec), 1/60 : 상수(1rps=1/60rpm), 360 : 상수(1rev=360°)

해당 엔진 회전수(800rpm)에서
- 착화지연기간 1ms당 4.8° 소요됨
- 착화 후 최대 폭발압력이 나타날 때까지 시간이 2ms이므로 4.8°×2=9.6° 소요됨
- ATDC 10°에서 최대 압력이 발생함
  따라서 착화지연기간+착화시기+최대 폭발압력이 나타날 때까지 소요되는 기간=최대 폭발압력 도달시기이므로
- $4.8° + x + 9.6° = $ ATDC $10°$
- $x = $ (ATDC $10°$) $-$ ($4.8° + 9.6°$) $=$ BTDC $4.4°$

8 배터리 방전 종지 전압까지의 연속 방전 시간

$$Ah = A \times h, \quad h = \dfrac{Ah}{A}$$

h : 방전 종지 전압까지 연속 방전 시간 단위, Ah : 배터리 용량 단위, A : 연속 방전 전류 단위

9 충전 전류

① 표준 충전 전류(A) : 배터리 용량의 10%
② 급속 충전 전류(A) : 배터리 용량의 50%

10 콘덴서의 정전용량

$$C = \frac{Q}{V}$$

C : 전기용량(F), Q : 전하량(C), V : 전압(V)

11 조 도

$$조도(\text{lx}) = \frac{광속(\text{lm})}{거리의\ 제곱(\text{m}^2)} \approx \frac{광도(\text{cd})}{거리의\ 제곱(\text{m}^2)}$$

- 조도(lx) : 어떤 면이 받는 빛의 세기
- 광도(cd) : 광원의 밝기
- 광속(lm) : 어떤 면을 통과하는 빛의 양

12 방향지시등의 점멸 회수

예제

방향지시등의 점멸 회수를 측정한 결과 10초 동안 15회 점멸하였을 때 안전기준에 맞게 판정한 것은?

해 10초 : 15회 = 1분 : x회, 10초 : 15회 = 60초 : x회, $15 \times 60 = 10x$, $x = \dfrac{15 \times 60}{10} = 90(회)$

∴ 90회/1분(적합)

자동차 및 자동차부품의 성능과 기준에 관한 규칙(방향지시등의 설치 및 광도기준)

방향지시등은 1분간 90±30회로 점멸하는 구조일 것(1분간 60~120회)

13 전조등 주광축의 하향진폭

예제

자동차 전조등의 등화중심점이 지상 1,240mm 높이로 취부되어 있다. 전조등 주광축의 하향진폭은 전방 10m에서 얼마 이내로 조정되어야 하는가?

예 $1,240\text{mm} \times \dfrac{3}{10} = 372\text{mm} = 0.372\text{m}$

자동차 전조등 주광축의 하향 진폭은 전방 10m 거리에서 등화설치 높이의 10분의 3 이내이어야 하며, 운행 자동차의 하향진폭은 300mm 이내로 할 수 있습니다.

14 경음기의 소음

예제

차량의 경음기 소음을 측정한 결과 85dB이며, 암소음이 81dB이었다면 이때의 보정치를 적용한 경음기의 소음은?

예
- 자동차로 인한 소음과 암소음의 차이=85dB-81dB=4dB, 따라서 보정치(dB)는 2dB입니다.
  보정치를 적용한 경음기의 소음(dB)=자동차로 인한 소음-보정치=85dB-2dB=83dB

(단위 : dB)

자동차로 인한 소음과 암소음의 차이	3	4~5	6~9
보정치	3	2	1

자동차정비산업기사 필기 계산문제 한권으로 끝내기

제3장

기출문제

1. 2013년도 계산문제
2. 2014년도 계산문제
3. 2015년도 계산문제
4. 2016년도 계산문제
5. 2017년도 계산문제
6. 2018년도 계산문제

01 2013년도 제1회

제1과목 : 일반기계공학

01 단면적 400mm²인 봉에 6kN의 추를 달았더니 허용인장응력에 도달하였다. 이 봉의 인장강도가 30MPa이라면 안전율은 얼마인가?

① 2
② 3
③ 4
④ 5

해설

$$S = \frac{\sigma_{max}}{\sigma} = \frac{30\text{MPa}}{\frac{6\text{kN}}{400\text{mm}^2}} = \frac{30\text{N/mm}^2}{\frac{6000\text{N}}{400\text{mm}^2}} = \frac{30\text{N/mm}^2}{15\text{N/mm}^2} = 2$$

S : 안전율, σ_{max} : 인장강도(N/mm²), σ : 허용응력(N/mm²)

02 지름이 d인 원형단면봉에 비틀림 토크가 작용할 때의 전단응력이 τ라고 하면, 지름이 $3d$인 동일 재질의 원형단면봉에 동일한 비틀림 토크가 작용할 때의 전단응력은?

① $1/9\tau$
② 9τ
③ $1/27\tau$
④ 27τ

해설

$$\tau = \frac{T}{Z_p} = \frac{T}{\frac{\pi d^3}{16}} = \frac{16T}{\pi d^3} = \frac{16T}{\pi (3d)^3} = \frac{16T}{\pi \times 27 \times d^3} = \frac{16T}{27\pi d^3}$$

τ : 비틀림 응력, T : 비틀림 모멘트, Z_p : 원형단면축 극단면계수, d : 축의 지름

따라서 원형단면봉의 지름이 3배 늘어났을 때 전단응력은 $\frac{1}{27}\tau$가 됩니다.

 01. ①   02. ③

03 그림과 같은 기어 트레인 장치에서 A축과 B축이 만나는 기어의 잇수를 각각 Z_1, Z_2' 라고 하고, B축과 C축이 만나는 기어의 잇수를 각각 Z_2, Z_3', C축과 D축이 만나는 기어의 잇수를 각각 Z_3, Z_4라고 할 때 그 잇수가 다음 표와 같을 경우 A축의 회전수(N_1)가 1,600rpm일 때 D축의 회전수(N_4)는 몇 rpm인가?

축	기어	잇수(1개)	기어	잇수(개)
A축	Z_1	45	-	-
B축	Z_2	32	Z_2'	64
C축	Z_3	15	Z_3'	75
D축	Z_4	72	-	-

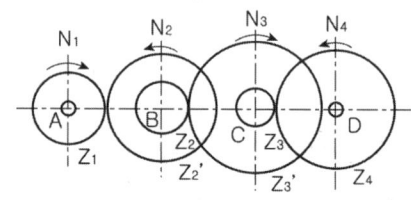

① 90
② 100
③ 110
④ 120

해설

$$\frac{N_{in}}{N_{out}} = \frac{N_1}{N_4} = \frac{1{,}600\text{rpm}}{N_4},\quad \frac{G_{out}}{G_{in}} = \frac{Z_2'}{Z_1} \times \frac{Z_3'}{Z_2} \times \frac{Z_4}{Z_3} = \frac{64}{45} \times \frac{75}{32} \times \frac{72}{15} = 16$$

$$\frac{N_{in}}{N_{out}} = \frac{G_{out}}{G_{in}},\quad \frac{1{,}600\text{rpm}}{N_4} = 16,\quad N_4 = \frac{1600\text{rpm}}{16} = 100\text{rpm}$$

N_{in} : 구동축 회전수, N_{out} : 피동축 회전수, G_{in} : 구동기어 잇수, G_{out} : 피동기어 잇수

04 그림과 같은 단식블록 브레이크에서 브레이크에 가해지는 힘 F를 나타내는 식으로 옳은 것은?(단, W 는 브레이크 드럼과 브레이크 블록 사이에 작용하는 힘, μ는 마찰계수, f는 마찰력이다)

① $F = \dfrac{\mu W l_2}{l_1}$

② $F = \dfrac{W l_1}{l_2}$

③ $F = \dfrac{W l_2}{l_1}$

④ $F = \dfrac{\mu W l_1}{l_2}$

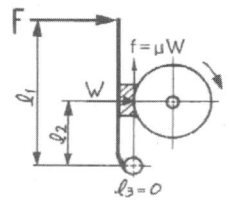

해설

$F l_1 = W l_2,\quad F = \dfrac{W l_2}{l_1}$

정답 03. ② 04. ③

05 유압펌프의 용적효율이 70%, 압력효율이 80%, 기계효율이 90%일 때 전체 효율은 약 몇 %인가?

① 50
② 60
③ 70
④ 80

해설

$\eta_{tot} = [\eta_v \times \eta_p \times \eta_m] \times 100 = [0.7 \times 0.8 \times 0.9] \times 100 \approx 50\%$

η_{tot} : 전체효율(%), η_v : 용적(체적)효율, η_p : 압력효율, η_m : 기계효율

제2과목 : 자동차 엔진

06 실린더 내경이 73mm, 행정이 74mm인 4행정 사이클 4실린더 기관이 6,300rpm으로 회전하고 있을 때 밸브구멍을 통과하는 가스의 속도는?(단, 밸브면의 평균지름은 30mm이고, 밸브 스템의 굵기는 무시한다)

① 62.01m/s
② 72.01m/s
③ 82.01m/s
④ 92.01m/s

해설

- $\overline{S} = \dfrac{2L \times N}{60} = \dfrac{2 \times 0.074\text{m} \times 6,300\text{rpm}}{60} = 15.54\text{m/s}$

  $\overline{S}$: 피스톤 평균속도(m/s), L : 피스톤(또는 실린더) 행정(m), N : 크랭크축(또는 엔진) 회전수(rpm), 1/60 : 상수(1rps=1/60rpm)

- $d_v = d \times \sqrt{\dfrac{\overline{S}}{v}}$, $v = \dfrac{d^2 \times \overline{S}}{d_v^2} = \dfrac{(0.073\text{m})^2 \times 15.54\text{m/s}}{(0.03\text{m})^2} \approx 92.01\text{m/s}$

  d_v : 밸브 지름(m), d : 실린더 내경(m), $\overline{S}$: 피스톤 평균속도(m/s), v : 가스 흐름속도(m/s)

정답 05. ①   06. ④

07 가솔린 기관에서 압축비가 9이고, 비열비는 1.3이다. 이 기관의 이론 열효율은?

① 38.3%
② 48.3%
③ 58.5%
④ 68.5%

해설

$$\eta_{otto}(\%) = \left[1-\left(\frac{1}{\epsilon^{\kappa-1}}\right)\right]\times 100 = \left[1-\left(\frac{1}{9^{1.3-1}}\right)\right]\times 100 \approx 48.3\%$$

η_{otto} : 오토사이클 열효율, ϵ : 압축비, κ : 비열비

08 내경 87mm, 행정 70mm인 6기통 기관의 출력은 회전속도 5,500min^{-1}에서 90kW이다. 이 기관의 비체적 출력, 즉 리터 출력(kW/L)은?

① 6kW/L
② 9kW/L
③ 15kW/L
④ 36kW/L

해설

- $\dfrac{\pi d^2}{4}\times l \times n = \dfrac{3.14\times(8.7\text{cm})^2}{4}\times 7\text{cm}\times 6 \approx 2496\text{cm}^3 \approx 2.5\text{L}$

  d : 실린더 내경(cm), l : 실린더 행정(cm), n : 실린더 수

- 리터 출력(kW/L)을 구합니다.

  $\text{kW/L} = \dfrac{\text{kW}}{\text{L}} = \dfrac{90\text{kW}}{2.5\text{L}} = 36\text{kW/L}$

정답 07. ② 08. ④

제3과목 : **자동차 새시**

09 주행속도 80km/h의 자동차에 브레이크를 작용시켰을 때 제동거리는 약 얼마인가?(단, 차륜과 도로면의 마찰계수는 0.2이다)

① 80m
② 126m
③ 156m
④ 160m

해설

$$S = \frac{(|\vec{v}|)^2}{2\mu g} = \frac{(80\text{km/h})^2}{2 \times 0.2 \times 9.8\text{m/s}^2} = \frac{\left[\frac{(80 \times 1000)\text{m}}{(1 \times 3600)\text{s}}\right]^2}{2 \times 0.2 \times 9.8\text{m/s}^2} \approx \frac{494\text{m}^2/\text{s}^2}{3.92\text{m/s}^2} \approx 126\text{m}$$

S : 제동거리(m), $\vec{v}$: 제동 초속도(m/s), μ : 마찰계수, g : 중력가속도(9.8m/s²)

10 축거 4m 바깥쪽 바퀴의 최대 조향각 30°, 안쪽 바퀴의 최대 조향각 32°, 킹핀 중심과 타이어 접지면 중심과의 거리는 50mm인 자동차의 최소회전반경은?

① 7.54m
② 8.05m
③ 10.05m
④ 12.05m

해설

$$R = \frac{L}{\sin\alpha} + r = \frac{4\text{m}}{\sin 30°} + 50\text{mm} = \frac{4\text{m}}{0.5} + 0.05\text{m} = 8.05\text{m}$$

R : 최소회전반경(m), L : 축간거리(m), α : 바깥쪽 앞바퀴의 조향각(°),
r : 바퀴 접지면 중심과 킹핀과의 거리(m)

정답 09. ② 10. ②

11 핸들의 위치를 중심에 놓고, 앞 휠의 토 값을 측정하였더니, 다음과 같은 값이 측정되었다면 맞는 것은?(단, 앞 좌측 : 토인 2mm, 앞 우측 : 토아웃 1mm이며 주어진 자동차의 제원값은 토인 0.5mm이다)

① 주행 중 차량은 정 방향으로 주행한다.
② 주행 중 차량은 좌측으로 쏠리게 된다.
③ 주행 중 차량은 우측으로 쏠리게 된다.
④ 핸들의 조작력이 무겁게 된다.

> **해설**
>
> 사이드 슬립량
> $= \dfrac{\text{좌측 슬립량} + \text{우측 슬립량}}{2} = \dfrac{(+2\text{mm/m}) + (-1\text{mm/m})}{2} = \dfrac{+1\text{mm/m}}{2} = +0.5\text{mm/m}$
>
> 즉, 측정값이 +0.5mm/m이고 주어진 자동차의 제원값이 토인 0.5mm이므로 주행 중 차량은 정방향으로 주행합니다.

> 사이드 슬립량
> - 측정값의 단위 : mm/m 또는 m/km
> - 토인(IN)이면 +, 토아웃(OUT)이면 −

제4과목 : 자동차 전기

12 기동전동기에 흐르는 전류는 120A이고 전압은 12V일 때, 이 기동전동기의 출력은 몇 PS인가?

① 0.56PS
② 1.22PS
③ 1.96PS
④ 18.2PS

> **해설**
>
> $P_E = v \times i = 12\text{V} \times 120\text{A} = 1440\text{W} = 1.44\text{kW}$
>
> P_E : 전력(W), v : 전압(V), i : 전류(A)
>
> 1PS : 0.736kW = xPS : 1.44kW, $0.736 \times x = 1.44$
>
> $\therefore x = \dfrac{1.44}{0.736} \approx 1.96(\text{PS})$

정답 11. ① 12. ③

13 12V 60AH인 축전지가 방전되어 정전류 충전법으로 보충전하려고 할 때, 표준 충전 전류 값은?(단, 축전지용량은 20시간율 용량이다)

① 3A
② 6A
③ 9A
④ 12A

해설

$60\text{Ah} \times 10\% = 60 \times 0.1 = 6(\text{A})$

> **정전류 충전**
> - 표준 충전 전류(A) : 배터리 용량의 10%
> - 급속 충전 전류(A) : 배터리 용량의 50%

14 전조등의 광도가 18,000cd인 자동차를 10m 전방에서 측정하였을 경우의 조도는?

① 160lx
② 180lx
③ 200lx
④ 220lx

해설

$$조도(\text{lx}) = \frac{광속(\text{lm})}{거리의\ 제곱(\text{m}^2)} \approx \frac{광도(\text{cd})}{거리의\ 제곱(\text{m}^2)} = \frac{18,000\text{cd}}{(10\text{m})^2} = \frac{18,000\text{cd}}{100\text{m}^2} = 180\text{lx}$$

> - 조도(lx) : 어떤 면이 받는 빛의 세기
> - 광도(cd) : 광원의 밝기
> - 광속(lm) : 어떤 면을 통과하는 빛의 양

정답 13. ② 14. ②

2013년도 제2회

제1과목 : 일반기계공학

01 중심거리가 900mm이고, 외접하는 한 쌍의 표준 스퍼기어의 회전비가 1 : 3일 때 피니언(작은 기어)의 피치원지름은 약 몇 mm인가?

① 450   ② 750   ③ 1,050   ④ 1,350

해설

$$a = \frac{M(z_1 + z_2)}{2} = \frac{d_1 + d_2}{2}$$

a : 중심거리(mm), M : 모듈, z_1 : 큰 기어 잇수, z_2 : 작은 기어 잇수,
d_1 : 큰 기어 피치원 지름(mm), d_2 : 작은 기어 피치원 지름(mm)

문제에서 중심거리가 900mm, 속도비가 1 : 3으로 주어졌으므로 $\frac{d_2}{d_1} = \frac{1}{3}$, $d_2 = \frac{1}{3}d_1$이다.

즉, $\frac{d_1 + \frac{1}{3}d_1}{2} = 900\text{mm}$, $\frac{\frac{4}{3}d_1}{2} = 900\text{mm}$, $\frac{4}{3}d_1 = 1800\text{rpm}$, $d_1 = 1350\text{mm}$이다.

$\frac{d_1 + d_2}{2} = \frac{1,350\text{mm} + d_2}{2} = 900\text{mm}$, $d_2 = 450\text{mm}$

02 스프링상수가 3N/mm인 스프링과 4.5N/mm인 스프링을 직렬로 연결하여 스프링 저울을 만들었다. 이 스프링 저울로 어떤 물건의 무게를 측정하였더니 저울이 5cm가 늘어났다. 이 물건의 무게는 몇 N인가?

① 30   ② 45   ③ 75   ④ 90

해설

직렬연결 합성스프링 상수 : $\frac{1}{k} = \frac{1}{k_1} + \frac{1}{k_2}$ k : 합성스프링 상수(N/mm)

δ : 변형량, P : 인장하중(N), k : 합성스프링 상수(N/mm)

- $\frac{1}{k} = \frac{1}{k_1} + \frac{1}{k_2} = \frac{1}{3} + \frac{1}{4.5} = \frac{4.5}{13.5} + \frac{3}{13.5} = \frac{7.5}{13.5}$, $k = \frac{13.5}{7.5} = 1.8(\text{N/mm})$

- $\delta = \frac{P}{k}$, $P = \delta k = 5\text{cm} \times 1.8\text{N/mm} = 50\text{mm} \times 1.8\frac{\text{N}}{\text{mm}} = 90\text{N}$

정답 01. ①   02. ④

03 버니어캘리퍼스의 어미자의 1눈금이 1mm이고, 아들자의 눈금은 어미자의 19mm를 20등분하였을 때 읽을 수 있는 최소 눈금은?

① 0.02mm
② 0.20mm
③ 0.50mm
④ 0.05mm

해설

최소눈금=어미자눈금-아들자눈금

$$\therefore 1\text{mm} - \frac{19\text{mm}}{20} = \frac{20\text{mm}}{20} - \frac{19\text{mm}}{20} = \frac{1\text{mm}}{20} = 0.05\text{mm}$$

04 길이 60cm, 지름 2cm의 연강 환봉을 2,000N의 힘으로 길이방향으로 잡아당길 때 0.018cm가 늘어난 경우 변형률(Strain)은?

① 0.0003
② 0.003
③ 0.009
④ 0.09

해설

$$\epsilon = \frac{\delta}{l_1} = \frac{l_2 - l_1}{l_1} = \frac{0.018\text{cm}}{60\text{cm}} = 0.0003$$

ϵ : 변형률, δ : 변형된 길이(cm), l_2 : 변형 후 길이(cm), l_1 : 변형 전 길이(cm)

정답 03. ④ 04. ①

05 300rpm으로 2.5kW를 전달시키고 있는 축의 비틀림 모멘트는 약 몇 N·m인가?

① 46.3
② 59.6
③ 63.2
④ 79.6

해설

- $B_{kW} = \dfrac{2\pi \times T \times N}{102 \times 60}$

- $T = \dfrac{B_{kW} \times 102 \times 60}{2\pi \times N} = \dfrac{2.5\text{kW} \times 102 \times 60}{2 \times 3.14 \times 300\text{rpm}} \approx 8.12\text{kgf} \cdot \text{m} \approx (8.12 \times 9.8)\text{N} \cdot \text{m} \approx 79.6\text{N} \cdot \text{m}$

B_{kW} : 축출력(kW), 2π : 상수(1rev=360°=2π), T : 토크(kgf·m), N : 엔진 회전수(rpm), 1/102 : 상수(1kgf·m/sec=1/102kW), 1/60 : 상수(1rps=1/60rpm)

제2과목 : 자동차 엔진

06 2,000rpm에서 10kgf·m의 토크를 내는 기관 A와 800rpm에서 25kgf·m 토크를 내는 기관 B가 있다. 이 두 상태에서 A와 B의 출력을 비교하면?

① A>B이다.
② A<B이다.
③ A=B이다.
④ 비교할 수 없다.

해설

- A기관의 출력

$B_{PS} = \dfrac{2\pi \times T \times N}{75 \times 60} = \dfrac{2 \times 3.14 \times 10\text{kgf} \cdot \text{m} \times 2,000\text{rpm}}{75 \times 60} \approx \dfrac{2,093\text{kgf} \cdot \text{m/sec}}{75} \approx 28\text{PS}$

- B기관의 출력

$B_{PS} = \dfrac{2\pi \times T \times N}{75 \times 60} = \dfrac{2 \times 3.14 \times 25\text{kgf} \cdot \text{m} \times 800\text{rpm}}{75 \times 60} \approx \dfrac{2,093\text{kgf} \cdot \text{m/sec}}{75} \approx 28\text{PS}$

B_{PS} : 축출력(PS), 2π : 상수(1rev=360°=2π), T : 토크(kgf·m), N : 엔진 회전수(rpm), 1/102 : 상수(1kgf·m/sec=1/75PS), 1/60 : 상수(1rps=1/60rpm)

정답 05. ④ 06. ③

07 4행정 사이클 기관의 실린더 내경과 행정이 100mm×100mm이고, 회전수가 1,800rpm일 때 축 출력은?(단, 기계효율은 80%이며, 도시평균유효압력은 9.5kgf/cm²이고, 4기통 기관이다)

① 35.2PS ② 39.6PS ③ 43.2PS ④ 47.8PS

해설

$$I_{PS} = \frac{imep \times (\frac{\pi d^2}{4} \times l \times n) \times N}{75 \times 100 \times 60 \times n_R} = \frac{9.5\frac{kgf}{cm^2} \times \left[\frac{3.14 \times (10cm)^2}{4} \times 10cm \times 4\right] \times 1,800rpm}{75 \times 100 \times 60 \times 2}$$

$$= \frac{4,474.5 kgf \cdot m/sec}{75} \approx 59.7 PS$$

I_{PS} : 도시마력(PS), $imep$: 도시평균유효압력(kgf/cm²), d : 실린더 지름(cm), l : 실린더 행정(cm), n : 실린더 수, N : 엔진 회전수(rpm), n_R : 상수(4행정=2, 2행정=1), 1/75 : 상수(1kgf·m/sec=1/75 PS), 1/60 : 상수(1rps=1/60rpm), 1/100 : 상수(1kgf·cm/sec=1/100kgf·m/sec)

축 출력을 구하면 '제동마력(축출력)=도시마력×기계효율'입니다.
∴ 축출력=59.7PS×0.8≈47.8PS

08 4행정 사이클 디젤기관의 분사펌프 제어래크를 전부하 상태로 하고 최대 회전수를 2,000rpm으로 하며, 분사량을 시험하였더니 1실린더 107cc, 2실린더 115cc, 3실린더 105cc, 4실린더 93cc일 때 수정할 실린더의 수정치 범위는 얼마인가?(단, 전부하시 불균율은 4%로 계산한다)

① 100.8~109.2cc ② 100.1~100.5cc
③ 96.3~100.6cc ④ 89.7~95.8cc

해설

- 최소분사량=각 노즐 분사량 중 가장 적은 분사량
- 평균분사량= $\frac{각 실린더 분사량의 합}{실린더 수}$
- 최대분사량=각 노즐 분사량 중 가장 많은 분사량
- (+)불균율(%)= $\frac{최대분사량 - 평균분사량}{평균분사량} \times 100$
- (-)불균율(%)= $\frac{평균분사량 - 최소분사량}{평균분사량} \times 100$

- 평균분사량= $\frac{107cc + 115cc + 105cc + 93cc}{4} = 105cc$
- 문제에서 제어래크가 전부하 상태에 있고 전부하 상태에서 불균율이 4%로 주어졌으므로 105cc×0.04= 4.2cc이며, 규정범위는 105cc±4.2cc→(105cc-4.2cc)~(150cc+4.2cc)=100.8cc~19.2이다.
※ 정 상 : 1번, 3번 실린더 / 비정상 : 2번, 4번 실린더

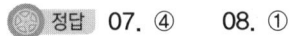
정답 07. ④ 08. ①

09 디젤기관의 회전속도가 1,800rpm일 때 20°의 착화지연 시간은 얼마인가?

① 2.77ms
② 0.10ms
③ 66.66ms
④ 1.85ms

해설

$$I_t = \left(\frac{N}{60}\right) \times 360 \times t = 6Nt, \quad t = \frac{I_t}{6N} = \frac{20°}{6 \times 1800 \text{rpm}} \approx 0.00185 \text{sec} = 1.85 \text{ms}$$

I_t : 크랭크축 회전각도(°), N : 엔진 회전수(rpm), t : 착화지연기간(sec),
1/60 : 상수(1rps=1/60rpm), 360 : 상수(1rev=360°)

제3과목 : 자동차 섀시

10 엔진 회전수가 2,000rpm으로 주행 중인 자동차에서 수동변속기의 감속비가 0.8이고, 차동장치 구동피니언의 잇수가 6, 링기어의 잇수가 30일 때 왼쪽바퀴가 600rpm으로 회전한다면 오른쪽 바퀴의 회전속도는?

① 400rpm
② 600rpm
③ 1,000rpm
④ 2,000rpm

해설

- 추진축 회전수(N_p) $= \dfrac{N_e}{R_T} = \dfrac{2000 \text{rpm}}{0.8} = 2500 \text{rpm}$

- 종감속비(R_F) $= \dfrac{G_r}{G_p} = \dfrac{30}{6} = 5$

- 양쪽 바퀴 회전수(N_{tot}) $= \left[\dfrac{N_p}{R_F}\right] \times 2 = \left[\dfrac{2500 \text{rpm}}{5}\right] \times 2 = 1000 \text{rpm}$

- 오른쪽 바퀴 회전수(N_{tr}) $= N_{tot} - N_{tl} = 1000 - 600 = 400(\text{rpm})$

N_p : 추진축 회전수(rpm), N_e : 엔진 회전수(rpm), R_T : 변속비, R_F : 종감속비, G_r : 링기어 잇수, G_p : 구동 피니언 잇수, N_{tot} : 양쪽 바퀴 회전수(rpm), $\dfrac{N_p}{R_F}$: 한쪽 바퀴 회전수(rpm), N_{tr} : 오른쪽 바퀴 회전수(rpm), N_{tl} : 왼쪽 바퀴 회전수(rpm)

정답 09. ④ 10. ①

11 변속비가 1.25 : 1, 종감속비가 4 : 1, 구동륜의 유효반경 30cm, 엔진 회전수는 2,700rpm일 때 차속은?

① 약 53km/h
② 약 58km/h
③ 약 61km/h
④ 약 65km/h

해설

- 바퀴 회전수(N_w) = $\dfrac{N_e}{R_{tot}} = \dfrac{N_e}{R_T \times R_F} = \dfrac{2,700 \text{rpm}}{1.25 \times 4} = 540 \text{rpm}$

  N_w : 바퀴 회전수(rpm), N_e : 엔진 회전수(rpm), R_{tot} : 최종감속비, R_T : 변속비, R_F : 종감속비

- rpm을 km/h로 변환

  $N\text{rpm} = \dfrac{N\text{rev}}{1\text{min}} = \dfrac{\left(\dfrac{2\pi r \times N}{1}\right)\text{m}}{\left(\dfrac{1}{60}\right)\text{h}} = \dfrac{\left[\left(\dfrac{2\pi r \times N}{1}\right) \times \dfrac{1}{1,000}\right]\text{km}}{\left(\dfrac{1}{60}\right)\text{h}} = \left(2\pi r \times N \times \dfrac{60}{1,000}\right)\text{km/h}$

  $540\text{rpm} = 2 \times 3.14 \times 0.3 \times 540 \times \dfrac{60}{1000} \approx 61\text{km/h}$

  2π : 상수(1rev=360°=2π), r : 바퀴 반지름(m), N : 바퀴 회전수(rpm), 1/60 : 상수(1min=1/60h), 1/1,000 : 상수(1m=1/1,000km)

12 자동차의 제원에 의하면 타이어의 유효 반경이 36cm이었다. 타이어가 500rpm의 속도로 회전하고 있을 때 자동차의 속도는 얼마인가?

① 18.84m/s
② 28.84m/s
③ 38.84m/s
④ 10.84m/s

해설

rpm을 m/s로 변환합니다.

$N\text{rpm} = \dfrac{N\text{rev}}{1\text{min}} = \dfrac{(2\pi r \times N)\text{m}}{60\text{s}} = \dfrac{2\pi r \times N}{60}\text{m/s}, \quad 500\text{rpm} = \dfrac{2 \times 3.14 \times 0.36 \times 500}{60} = 18.84\text{m/s}$

2π : 상수(1rev=360°=2π), r : 바퀴 반지름(m), N : 바퀴 회전수(rpm), 1/60 : 상수(1min=1/60h)

정답 11. ③ 12. ①

제4과목 : 자동차 전기

13 10cd의 광원에서 2m 떨어진 곳에서의 전조등의 밝기는 몇 Lux인가?

① 2.5
② 5.0
③ 7.5
④ 10

해설

$$조도(\text{Lux}) = \frac{광속(\text{lm})}{거리의 제곱(\text{m}^2)} \approx \frac{광도(\text{cd})}{거리의 제곱(\text{m}^2)} = \frac{10\text{cd}}{(2\text{m})^2} = \frac{10\text{cd}}{4\text{m}^2} = 2.5\text{Lux}$$

14 어떤 자동차의 우측전조등의 우측 방향 진폭이 전방 10m에서 25cm이었다. 전방 100m에서는 얼마인가?

① 1.0m
② 1.5m
③ 2.0m
④ 2.5m

해설

$10\text{m} : 25\text{cm} = 100\text{m} : x$, $10\text{m} : 0.25\text{m} = 100\text{m} : x$, $0.25 \times 100 = 10x$
∴ $x = 2.5\text{m}$

정답 13. ① 14. ④

15 다음 회로에서 전류(A)와 소비전력(W)은?

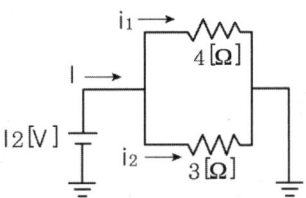

① $I=0.58A$, $P=5.8W$
② $I=5.8A$, $P=58W$
③ $I=7A$, $P=84W$
④ $I=70A$, $P=840W$

해설

- 전체 회로의 합성저항(병렬회로의 합성저항)
$$\frac{1}{R_{tot}} = \frac{1}{R_1} + \frac{1}{R_2} \cdots + \frac{1}{R_n}, \quad \frac{1}{R_{tot}} = \frac{1}{4} + \frac{1}{3} = \frac{3}{12} + \frac{4}{12} = \frac{7}{12}\,\Omega, \quad R_{tot} = \frac{12}{7}\,\Omega$$

R_{tot} : 합성저항(Ω), R_1, $R_2 \cdots$, R_n : 각각의 저항(Ω)

- 전체 회로에 흐르는 전류
$$i = \frac{v}{R} = \frac{12V}{\frac{12}{7}\Omega} = 7A$$

v : 전압(V), R : 저항(Ω), i : 전류(A)

- 전체 회로의 소비전력
$$P_E = v \times i = 12V \times 7A = 84W$$

P_E : 전력(W), v : 전압(V), i : 전류(A)

정답 15. ③

2013년도 제3회

제1과목 : 일반기계공학

01 웜기어장치에서 회전수 1,500rpm인 3줄 웜이 잇수 30개인 웜휠(웜기어)에 물려 돌고 있다면, 이때 웜 휠의 회전수는 몇 rpm인가?

① 50
② 150
③ 180
④ 280

해설

$$N_{ww} = N_w \times \frac{n}{G_{ww}} = 1{,}500\text{rpm} \times \frac{3}{30} = 150\text{rpm}$$

N_{ww} : 웜 휠 회전수(rpm), N_w : 웜 회전수(rpm), n : 웜 줄 수, G_{ww} : 웜 휠 잇수

02 강판의 두께 12mm, 리벳의 지름 20mm, 피치 50mm의 1줄 겹치기 리벳이음에서 1피치당 하중이 12kN일 경우, 강판의 인장응력은 몇 N/mm²인가?

① 33.3
② 64.2
③ 75.3
④ 86.1

해설

$$\sigma = \frac{P}{A} = \frac{P}{\phi(p-d_r)} = \frac{12\text{kN}}{12\text{mm} \times (50\text{mm} - 20\text{mm})} = \frac{12{,}000\text{N}}{360\text{mm}^2} \approx 33.3\text{N/mm}^2$$

σ : 인장응력(N/mm²), P : 하중 또는 힘(N), A : 단면적(mm²), ϕ : 판 두께(mm), p : 피치(mm), d_r : 리벳 지름(mm)

정답 01. ② 02. ①

03 기본 부하용량이 18,000N인 볼 베어링이 베어링 하중을 2,000N을 받고 150rpm으로 회전할 때 이 베어링의 수명은 약 몇 시간인가?

① 62,000 ② 71,000 ③ 76,000 ④ 81,000

해설

$$L_h = \left(\frac{C}{P}\right)^x \times 500 \times \frac{33.3}{N} = \left(\frac{18,000\text{N}}{2,000\text{N}}\right)^3 \times 500 \times \frac{33.3}{150\text{rpm}} = 80,919\text{h} \approx 81,000\text{h}$$

L_h : 정격수명(h), C : 기본정격하중(N), P : 베어링에 작용하는 하중(N), N : 베어링 회전수(rpm), x : 베어링 지수(3 : 볼베어링, 10/3 : 롤러베어링), 500 : 상수(500h), 33.3 : 상수(33.3rpm)

04 안지름이 1m인 압력용기에 5N/cm²의 내압이 작용하고 있다. 압력용기의 뚜껑을 18개의 볼트로 체결할 경우 다음 중에서 사용 가능한 가장 작은 볼트는?(단, 볼트 지름방향의 허용인장응력은 1,000N/cm²이고, 볼트에는 인장하중만 작용한다)

① M14(골지름 11.835mm) ② M22(골지름 19.294mm)
③ M27(골지름 23.752mm) ④ M36(골지름 31.670mm)

해설

① 압력용기의 뚜껑 및 볼트에 작용하는 전체 하중을 구합니다.

- $\sigma = \dfrac{P}{A} = \dfrac{P}{\dfrac{\pi d^2}{4}}$

- $P = \left(\dfrac{\pi d^2}{4}\right) \times \sigma = \left(\dfrac{3.14 \times (1\text{m})^2}{4}\right) \times 5\text{N/cm}^2 = \left(\dfrac{3.14 \times (100\text{cm})^2}{4}\right) \times 5\dfrac{\text{N}}{\text{cm}^2} = 39,250\text{N}$

σ : 허용응력(N/cm²), P : 하중 또는 힘(N), A : 단면적(cm²), d : 지름(cm)

문제에서는 압력용기의 뚜껑을 18개의 볼트로 체결했다고 했으므로, 볼트 1개에 작용하는 하중은 $39,250\text{N} \div 18 \approx 2,181\text{N}$ 입니다.

② 볼트 1개의 지름을 구합니다.
나사의 바깥지름(호칭지름)

$$d = \sqrt{\frac{2P}{\sigma}} = \sqrt{\frac{2 \times 2,181\text{N}}{1,000\text{N/cm}^2}} \approx 2.09\text{cm} = 20.9\text{mm}$$

d : 바깥지름(mm), P : 하중(N), σ : 허용응력(N/cm²)

∴ 볼트의 바깥지름이 20.9mm보다 큰 치수를 사용해야 하므로 바깥지름(호칭지름)이 22mm인 M22가 가장 적당합니다.

미터나사의 규격 표시(**예** M5×0.9)

- M : 미터나사
- 5 : 나사 바깥지름=호칭지름(mm)
- 0.9 : 나사 피치(mm)

정답 03. ④ 04. ②

제2과목 : 자동차 엔진

05 배기량 400cc, 연소실 체적 50cc인 가솔린 기관에서 rpm이 3,000이고, 축 토크가 8.95 kgf·m일 때 축출력은?

① 약 15.5PS
② 약 35.1PS
③ 약 37.5PS
④ 약 38.1PS

해설

$$B_{PS} = \frac{2\pi \times T \times N}{75 \times 60} = \frac{2 \times 3.14 \times 8.95 \text{kgf} \cdot \text{m} \times 3{,}000 \text{rpm}}{75 \times 60} = \frac{2{,}810.3 \text{kgf} \cdot \text{m/sec}}{75} \approx 37.5 \text{PS}$$

B_{PS} : 축출력(PS), 2π : 상수(1rev=360°=2π), T : 토크(kgf·m), N : 엔진 회전수(rpm), 1/75 : 상수(1kgf·m/sec=1/75PS), 1/60 : 상수(1rps=1/60rpm)

06 차량의 경음기 소음을 측정한 결과 86dB이며, 암소음이 82dB이었다면, 이때의 보정치를 적용한 경음기의 소음은?

① 83dB
② 84dB
③ 86dB
④ 88dB

해설

- 자동차로 인한 소음과 암소음의 차이=86−82=4(dB), 따라서 보정치=2dB
- 측정값=자동차로 인한 소음−보정치=86−2=84(dB)

(단위 : dB)

자동차로 인한 소음과 암소음의 차이	3	4~5	6~9
보정치	3	2	1

정답 05. ③ 06. ②

07 가솔린 기관에서 압축비 $\epsilon=7$, 비열비 $k=1.4$일 경우 이론 열효율은 약 얼마인가?

① 45.4%

② 59.3%

③ 48.5%

④ 54.1%

해설

$$\eta_{otto}[\%] = \left[1 - \left(\frac{1}{\epsilon^{\kappa-1}}\right)\right] \times 100 = \left[1 - \left(\frac{1}{7^{1.4-1}}\right)\right] \times 100 \approx 54.1\%$$

η_{otto} : 오토사이클 열효율, ϵ : 압축비, κ : 비열비

제3과목 : 자동차 섀시

08 무게 2ton인 화물차량이 20° 경사길을 올라갈 때의 전주행 저항은?(단, 구름저항계수 : 0.2)

① 약 560kgf

② 약 1,084kgf

③ 약 1,560kgf

④ 약 2,025kgf

해설

- 구름저항을 구합니다.
  $R_r = \mu r \times W = 0.2 \times 2 \text{ton} = 0.2 \times 2,000 \text{kgf} = 400 \text{kgf}$

  R_r : 구름저항(kgf), μr : 구름저항계수, W : 차량 총중량(kgf)

- 등판저항(구배저항)을 구합니다.
  $R_g = W \times \sin\theta = 2\text{t} \times \sin20° \approx 2,000\text{kgf} \times 0.342 = 684\text{kgf}$

  R_g : 구배저항(kgf), W : 차량 총중량(kgf), θ : 노면 경사각(°)

  $\sin\theta \approx \tan\theta$이므로 $R_g = W \times \tan\theta$도 적용할 수 있습니다.

- 전 주행저항을 구합니다.
  $R_{tot} = R_r + R_g = 400\text{kgf} + 684\text{kgf} = 1084\text{kgf}$

  R_{tot} : 전 주행저항(kgf)

정답 07. ④ 08. ②

09 추진축의 외경 90mm, 내경 80mm, 길이가 1000mm인 경우 위험 회전수는?

① 1,150rpm
② 5,732rpm
③ 14,450rpm
④ 17,149rpm

해설

$$P_c = 0.12 \times 10^9 \times \frac{\sqrt{D^2+d^2}}{l^2} = 0.12 \times 10^9 \times \frac{\sqrt{(90mm)^2+(80mm)^2}}{(1,000mm)^2} \approx 14,450 rpm$$

P_c : 추진축 위험 회전수(rpm), D : 추진축 외경(mm), d : 추진축 내경(mm), l : 추친축 길이(mm), 0.12 : 상수, 10^9 : 상수

10 액슬축의 회전수가 900rpm이고, 바퀴의 유효반지름이 300mm일 때 자동차의 시속은?

① 약 92km/h
② 약 102km/h
③ 약 112km/h
④ 약 122km/h

해설

rpm을 km/h로 변환합니다.

$$N rpm = \frac{N rev}{1 min} = \frac{\left(\frac{2\pi r \times N}{1}\right)m}{\left(\frac{1}{60}\right)h} = \frac{\left[\left(\frac{2\pi r \times N}{1}\right) \times \frac{1}{1,000}\right]km}{\left(\frac{1}{60}\right)h} = \left(2\pi r \times N \times \frac{60}{1,000}\right)km/h,$$

$$900 rpm = 2 \times 3.14 \times 0.3 \times 900 \times \frac{60}{1,000} \approx 102 km/h$$

2π : 상수(1rev=360°=2π), N : 바퀴 회전수(rpm), r : 바퀴 반지름(m)

정답 09. ③ 10. ②

11 타이어의 회전 반경이 0.3m인 자동차에서 타이어의 회전수가 800rpm으로 달릴 때 회전 토크가 15kgf·m이라면 구동력은?

① 45kgf

② 50kgf

③ 60kgf

④ 70kgf

해설

문제에 마찰계수(μ)가 주어지지 않았으므로 $\mu=1$로 가정하여 생략합니다.

$F = \dfrac{T}{\mu R} = \dfrac{15\text{kgf} \cdot \text{m}}{0.3\text{m}} = 50\text{kgf}$

F : 구동력(kgf), T : 구동바퀴 토크(kgf·m), μ : 마찰계수, R : 구동바퀴 반경(m)

제4과목 : 자동차 전기

12 자동차 전조등의 등화중심점이 지상 1,120mm 높이로 취부되어 있다. 전조등 주광축의 하향진폭은 전방 10m에서 얼마 이내로 조정되어야 하는가?

① 0.300m

② 0.312m

③ 0.336m

④ 0.348m

해설

자동차 전조등 주광축의 하향 진폭은 전방 10m 거리에서 등화설치 높이의 10분의 3 이내이어야 하며, 운행 자동차의 하향진폭은 300mm 이내로 할 수 있습니다.

그러므로 $1{,}120\text{mm} \times \dfrac{3}{10} = 336\text{mm} = 0.336\text{m}$

정답 11. ② 12. ③

02 2014년도 제1회

제1과목 : 일반기계공학

01 지름 d, 길이 l인 전동축에서 비틀림각이 1°인 것을 0.25°로 하기 위하여 축지름만을 설계 변경한다면 얼마로 하면 되겠는가?

① $\sqrt{2}\,d$ ② $2d$ ③ $\sqrt[3]{2}\,d$ ④ $\sqrt[3]{4}\,d$

해설

$$\theta[°] = \frac{32Tl}{\pi d^4 G} \times \frac{180°}{\pi} = \frac{5,760\,Tl}{\pi^2 d^4 G} = \frac{5760\,Tl}{(3.14)^2 \times d^4 \times G} \approx \frac{584\,Tl}{d^4 G}$$

θ : 비틀림 각, T : 비틀림 모멘트, l : 축 길이, d : 축 지름, G : 전단탄성계수

문제에서 비틀림각이 1°인 것을 0.25°로 하기 위해 축 지름(d)만 설계 변경한다고 했으므로

$1° \times \dfrac{1}{4} = 0.25°$이므로 $\dfrac{1}{d} \times \dfrac{1}{4} = \dfrac{1}{d^4}$이고, $d^4 = 4d$이므로 $d = \sqrt[4]{4d} = \sqrt{2}\,d$입니다.

02 지름 20mm의 드릴로 연강 판에 구멍을 뚫을 때 회전수가 200rpm이면 절삭속도는 약 몇 m/min인가?

① 12.6   ② 15.5   ③ 17.6   ④ 75.3

해설

rpm을 m/min으로 변환합니다.

$$N\mathrm{rpm} = \frac{N\mathrm{rev}}{1\mathrm{min}} = \frac{(2\pi r \times N)\mathrm{mm}}{1\mathrm{min}} = \frac{\left(2\pi \times \dfrac{D}{2} \times N\right)\mathrm{mm}}{1\mathrm{min}} = \frac{(\pi DN)\mathrm{mm}}{1\mathrm{min}} = \frac{\left(\dfrac{\pi DN}{1,000}\right)\mathrm{m}}{1\mathrm{min}} = \left(\frac{\pi DN}{1,000}\right)\mathrm{m/min}$$

$$200\mathrm{rpm} = \left(\frac{3.14 \times 20 \times 200}{1000}\right)\mathrm{m/min} \approx 12.6\mathrm{m/min}$$

[2π : 상수(1rev=360°=2π), r : 반지름(mm), D : 지름(mm), N : 회전수(rpm)]

정답 01. ①   02. ①

03. 모듈이 6이고, 중심거리가 300mm, 속도비가 2:3인 외접하는 표준 스퍼 기어의 작은 기어 바깥지름은 얼마인가?

① 240mm ② 252mm ③ 360mm ④ 372mm

해설

$$a = \frac{M(z_1 + z_2)}{2} = \frac{d_1 + d_2}{2}$$

a : 중심거리(mm), M : 모듈, z_1 : 큰 기어 잇수, z_2 : 작은 기어 잇수, d_1 : 큰 기어 피치원 지름(mm), d_2 : 작은 기어 피치원 지름(mm)

문제에서 중심거리가 300mm, 속도비가 2:3으로 주어졌으므로 $\frac{d_2}{d_1} = \frac{2}{3}$, $d_2 = \frac{2}{3}d_1$ 입니다.

즉, $\dfrac{d_1 + \frac{2}{3}d_1}{2} = 300\text{mm}$ 이므로 $\dfrac{\frac{5}{3}d_1}{2} = 300\text{mm}$, $\dfrac{5}{6}d_1 = 300\text{mm}$, $d_1 = 360\text{mm}$ 이고,

$\dfrac{d_1 + d_2}{2} = \dfrac{360\text{mm} + d_2}{2} = 300\text{mm}$ $d_2 = 240\text{mm}$

• 기어 잇수를 구합니다.
$$z = \frac{d}{M}$$

z : 기어 잇수, d : 기어 피치원 지름, M : 모듈

- 작은 기어 잇수(z_2) = $\dfrac{d_2}{M} = \dfrac{240}{6} = 40$
- 큰 기어 잇수는(z_1) = $\dfrac{d_1}{M} = \dfrac{360}{6} = 60$

• 기어 바깥지름을 구합니다.
$D = M(z + 2)$

D : 기어 바깥지름, M : 모듈, z : 기어 잇수

- 작은 기어 바깥지름(D_2) = $M(z_2 + 2) = 6 \times (40 + 2) = 252\text{mm}$
- 큰 기어 바깥지름은(D_1) = $M(z_1 + 2) = 6 \times (60 + 2) = 372\text{mm}$

04. 직경 4cm의 원형 단면봉에 200kN의 인장하중이 작용할 때 봉에 발생하는 인장응력은 몇 N/mm²인가?

① 159.15 ② 169.42 ③ 171.56 ④ 181.85

해설

$$\sigma = \frac{P}{A} = \frac{P}{\frac{\pi d^2}{4}} = \frac{200\text{kN}}{\frac{3.14 \times (4\text{cm})^2}{4}} = \frac{200000\text{N}}{\frac{3.14 \times (40\text{mm})^2}{4}} \approx 159.2\text{N/mm}^2$$

σ : 인장응력(N/mm²), P : 하중 또는 힘(N), A : 단면적(mm²), d : 직경(mm)

정답 03. ② 04. ①

05 너비 6cm, 높이 8cm인 직사각형 단면에서 사용할 수 있는 최대굽힘모멘트의 크기는 몇 N·m인가?(단, 허용응력은 10N/mm²이다)

① 64
② 640
③ 6,400
④ 64,000

해설

$$M = \sigma \times Z = \sigma \times \frac{Bh^2}{6} = 10\text{N/mm}^2 \times \frac{60\text{mm} \times (80\text{mm})^2}{6} = 640,000\text{N} \cdot \text{mm} = 640\text{N} \cdot \text{m}$$

M : 최대굽힘모멘트(N·m), σ : 최대굽힘응력(N/mm²), Z : 사각형 단면계수(mm³),
B : 사각형 폭(mm), h : 사각형 높이(mm)

06 그림과 같은 구조물에서 AB 부재에 작용하는 인장력은 약 몇 N인가?

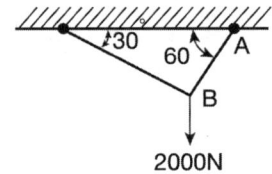

① 1,232
② 1,309
③ 1,732
④ 2,309

해설

라미의 정리를 응용합니다. 라미의 정리는 세 힘이 평형을 이루는 경우에 두 벡터가 이루는 각과 나머지 한 벡터의 크기와 관련된 관계식을 말합니다.

라미의 정리 : $\dfrac{F_1}{\sin\theta_1} = \dfrac{F_2}{\sin\theta_2} = \dfrac{F_3}{\sin\theta_3}$ $\dfrac{F_1}{\sin\theta'_1} = \dfrac{F_2}{\sin\theta'_2} = \dfrac{F_3}{\sin\theta'_3}$

문제의 그림에서와 같이 $\theta_1 = 90°$, $\theta'_1 = 180° - 90° = 90°$, $\theta'_2 = 180° - 60° = 120°$,
$\theta_3 = 30°(\theta'_3 = 180° - 30° = 150°)$이므로, AB 부재에 작용하는 인장력은 다음과 같습니다.

$\dfrac{F_1}{\sin\theta'_1} = \dfrac{F_2}{\sin\theta'_2}$, $\dfrac{2,000\text{N}}{\sin 90°} = \dfrac{F_2}{\sin 120°}$, $\sin 90° \times F_2 = \sin 120° \times 2,000\text{N}$

$\therefore F_2 = \dfrac{\sin 120° \times 2,000\text{N}}{\sin 90°} \approx \dfrac{0.866 \times 2,000\text{N}}{1} = 1,732\text{N}$

정답 05. ② 06. ③

제2과목 : 자동차 엔진

07 자동차로 15km의 거리를 왕복하는 데 40분이 걸렸고, 연료소비는 1,830cc이었다면 왕복 시 평균속도와 연료소비율은 약 얼마인가?

① 23km/h, 12km/l
② 45km/h, 16km/l
③ 50km/h, 20km/l
④ 60km/h, 25km/l

해설

$$\vec{v} = \frac{\vec{S}}{\vec{t}} = \frac{15\text{km} \times 2}{40\text{min}} = \frac{30\text{km}}{\left(\frac{40}{60}\right)\text{h}} = 45\text{km/h}$$

$\vec{v}$: 속도(km/h), $\vec{S}$: 변위(km), $\vec{t}$: 시간(h)

연료소비율 단위는 km/l 입니다.

$$\text{km}/l = \frac{\text{km}}{l} \rightarrow \frac{15\text{km} \times 2}{1,830\text{cc}} = \frac{30\text{km}}{1.83 l} \approx 16\text{km}/l$$

08 정비용 리프트에서 중량 13,500N인 자동차를 3초 만에 높이 1.8m로 상승시켰을 경우 리프트의 출력은?

① 24.3kW
② 8.1kW
③ 22.5kW
④ 10.8kW

해설

$$\text{N} \cdot \text{m/sec} = \frac{\text{N} \cdot \text{m}}{\text{sec}} \rightarrow \frac{13,500\text{N} \times 1.8\text{m}}{3\text{sec}} = 8,100\text{N} \cdot \text{m/sec} = 8,100\text{W} = 8.1\text{kW}$$

정답 07. ② 08. ②

09 직경×행정이 78mm×78mm인 4행정 4기통의 기관에서 실제 흡입된 공기량이 1120.7 cc라면 체적효율은?

① 약 55%
② 약 62%
③ 약 75%
④ 약 83%

해설

$$\eta_v = \frac{m_{a\_rea.}}{m_{a\_stoi.}} = \frac{m_{a\_rea.}}{V_d} \times 100 = \frac{m_{a\_rea.}}{\left(\frac{\pi d^2}{4} \times L\right) \times n} \times 100 = \frac{1120.7\text{cc}}{\left(\frac{3.14 \times (7.8\text{cm})^2}{4} \times 7.8\text{cm}\right) \times 4} \times 100$$

$$\approx \frac{1120.7\text{cc}}{1490\text{cc}} \times 100 = \frac{1120.7\text{cm}^3}{1490\text{cm}^3} \times 100 \approx 75\%$$

η_v : 체적효율(%), $m_{a\_rea.}$: 실제 흡입 공기량(cc), $m_{a\_stoi.}$: 이론상 흡입 가능한 공기량(cc), V_d : 행정체적(cm³), d : 실린더 내경(cm), L : 실린더(또는 피스톤) 행정(cm), n : 실린더 수

제3과목 : 자동차 섀시

10 사이드슬립 시험기에서 지시 값이 6이라면 1km당 슬립량은?

① 6mm
② 6cm
③ 6m
④ 6km

해설

6mm : 1m당 슬립량

> **사이드슬립 시험의 측정값 표시**
> • 측정값의 단위 : mm/m 또는 m/km
> • 토인(IN)이면 +, 토아웃(OUT)이면 −

정답 09. ③ 10. ③

11 어떤 자동차가 60km/h의 속도로 평탄한 도로를 주행하고 있다. 이때 변속비가 3, 종감속비가 2이고, 구동바퀴가 1회전에 2m 진행할 때 3km 주행하는 데 소요되는 시간은?

① 1분　　　② 2분　　　③ 3분　　　④ 4분

해설

$$\vec{t} = \frac{\vec{S}}{\vec{v}} = \frac{3\text{km}}{60\text{km/h}} = \frac{1}{20}\text{h} = 3\text{min}$$

$\vec{S}$: 변위(km), $\vec{v}$: 속도(km/h), $\vec{t}$: 시간(h)

12 브레이크 페달에 수평 방향으로 150kgf의 힘을 가했을 때 피스톤의 면적이 10cm²라면 마스터 실린더에 형성되는 유압(kgf/cm²)은?

① 65　　　② 75
③ 85　　　④ 90

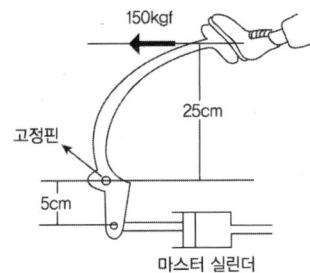

해설

① 플로어형 페달의 지렛대 비
　$B : A = x : 1$, $25\text{cm} : 5\text{cm} = x : 1$, $5x\,\text{cm} = 25\text{cm}$
　$\therefore x = 5$

　A : 고정핀에서부터 푸시로드까지의 거리(cm),
　B : 고정핀에서부터 페달 중심까지의 거리(cm),
　x : 지렛대 비
　푸시로드에 작용하는 힘 = 지렛대 비 × 페달 밟는 힘

　$\therefore 5 \times 150\text{kgf} = 750\text{kgf}$

② 마스터 실린더 압력
　$$P_m = \frac{F_m}{A_m} = \frac{F_m}{\pi r^2} = \frac{750\text{kgf}}{10\text{cm}^2} = 75\text{kgf/cm}^2$$

P_m : 마스터 실린더 압력(kgf/cm²), F_m : 푸시로드 힘(kgf), A_m : 마스터 실린더 단면적(cm²), r : 마스터 실린더 반경(cm)

※ 팬던트형 페달의 지렛대 비 구하는 공식
　$(A+B) : A = x : 1$
　A : 고정핀에서부터 푸시로드까지의 거리(cm), B : 푸시로드에서부터 페달 중심까지의 거리(cm), x : 지렛대 비

정답 11. ③　12. ②

13 기관 회전수가 2,000rpm, 변속비가 2 : 1, 종감속비가 5 : 1인 자동차가 선회주행을 하고 있을 때 자동차 좌측바퀴가 10km/h 속도로 주행한다면 우측바퀴의 속도는?(단, 바퀴의 원둘레 : 120cm)

① 10.2km/h
② 14.6km/h
③ 18.8km/h
④ 20.2km/h

해설

① 추진축 회전수

$$N_p = \left(\frac{N_e}{R_T}\right) = \frac{2000 \mathrm{rpm}}{2} = 1000 \mathrm{rpm}$$

N_p : 추진축 회전수(rpm), N_e : 엔진 회전수(rpm), R_T : 변속비

② 종감속비

$$R_F = \frac{G_r}{G_p}$$

R_F : 종감속비, G_r : 링기어 잇수, G_p : 구동 피니언 잇수

문제에서 종감속비가 5 : 1로 주어졌으므로 따로 구할 필요가 없습니다.

③ 양쪽 바퀴 회전수를 구합니다.

$$N_{tot} = \left(\frac{N_p}{R_F}\right) \times 2 = \left(\frac{1000 \mathrm{rpm}}{5}\right) \times 2 = 400 \mathrm{rpm}$$

N_{tot} : 양쪽 바퀴 회전수(rpm), $\frac{N_p}{R_F}$: 한쪽 바퀴 회전수(rpm), R_F : 종감속비

④ 좌측 바퀴 회전수를 구합니다.
문제에서 좌측 바퀴 속도가 10km/h로 주어졌습니다. 또한 바퀴의 원둘레가 120cm로 주어졌으므로 $2\pi r$=120cm=1.2m입니다.

$$N\mathrm{rpm} = \frac{N\mathrm{rev}}{1\mathrm{min}} = \frac{\left(\frac{2\pi r \times N}{1}\right)\mathrm{m}}{\left(\frac{1}{60}\right)\mathrm{h}} = \frac{\left[\left(\frac{2\pi r \times N}{1}\right) \times \frac{1}{1,000}\right]\mathrm{km}}{\left(\frac{1}{60}\right)\mathrm{h}} = \left(2\pi r \times N \times \frac{60}{1,000}\right)\mathrm{km/h}$$

$$10\mathrm{km/h} = 1.2 \times N \times \frac{60}{1,000} \qquad \therefore N \approx 139 \mathrm{rpm}$$

2π : 상수(1rev=360°=2π), N : 바퀴 회전수(rpm), r : 바퀴 반지름(m)

⑤ 오른쪽 바퀴 회전수를 구합니다.

$$N_{tr} = N_{tot} - N_{tl} = 400 - 139 = 261(\mathrm{rpm})$$

N_{tr} : 오른쪽 바퀴 회전수(rpm), N_{tl} : 왼쪽 바퀴 회전수(rpm)

⑥ 오른쪽 바퀴 속도를 구합니다.
문제에서 바퀴의 원둘레가 120cm로 주어졌으므로 $2\pi r$=120cm=1.2m입니다. 또한, 오른쪽 바퀴 회전수가 261rpm이므로 N=261rpm입니다.

$$N\mathrm{rpm} = \left(2\pi r \times N \times \frac{60}{1,000}\right)\mathrm{km/h}, \quad 261\mathrm{rpm} = 1.2 \times 261 \times \frac{60}{1000} \approx 18.8\mathrm{km/h}$$

정답 13. ③

제4과목 : 자동차 전기

14 방향지시등의 점멸 회수를 측정한 결과 10초 동안 18회 점멸하였을 때 안전기준에 맞게 판정한 것은?

① 108회/분(부적합)
② 108회/분(적합)
③ 90회/분(적합)
④ 90회/분(부적합)

해설

10초 : 18회 = 1분 : x회, 즉 10초 : 18회 = 60초 : x회, $18 \times 60 = 10x$

∴ $x = \dfrac{18 \times 60}{10} = 108$(회)

자동차 및 자동차부품의 성능과 기준에 관한 규칙(방향지시등의 설치 및 광도기준)
방향지시등은 1분간 90±30회로 점멸하는 구조일 것(1분간 60~120회)

15 그림에서 크랭크축 벨트 풀리의 회전수가 2,600rpm일 때 발전기 벨트 풀리의 회전수는? (단, 벨트와 풀리는 미끄럼이 없고 수치는 반경이다)

① 867rpm
② 3,900rpm
③ 5,200rpm
④ 7,800rpm

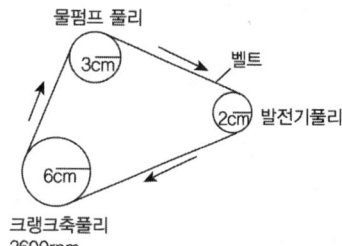

해설

구동축=크랭크축, 피동축=발전기

$\dfrac{N_{in}}{N_{out}} = \dfrac{R_{out}}{R_{in}}$, $N_{out} = \dfrac{R_{in} \times N_{in}}{R_{out}}$

∴ $N_{out} = \dfrac{6\text{cm} \times 2{,}600\text{rpm}}{2\text{cm}} = 7{,}800\text{rpm}$

N_{in} : 구동축 회전수, N_{out} : 피동축 회전수, R_{in} : 구동축 반경, R_{out} : 피동축 반경

정답 14. ② 15. ④

16 축전지를 20시간 동안 2A씩 계속 방전시켜 방전종지전압에 도달하였다면 이 축전지의 용량(Ah)은?

① 20
② 40
③ 60
④ 80

해설

$Ah = A \times h = 2A \times 20h = 40Ah$

Ah : 배터리 용량 단위, A : 연속 방전 전류 단위, h : 방전 종지 전압까지 연속 방전 시간 단위

17 코일의 권수비가 그림과 같았을 때 1차 코일의 전류 단속에 의해 350V의 유도전압을 얻었다면 2차 코일에서 발생하는 전압은?(단, 코일의 직경은 동일하다)

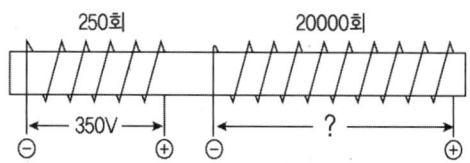

① 0V
② 2,800V
③ 28,000V
④ 35,000V

해설

$V_2 = V_1 \times \dfrac{N_2}{N_1} = 350V \times \dfrac{20,000}{250} = 28,000V$

V_2 : 2차코일 전압(V), V_1 : 1차코일 전압(V), N_1 : 1차코일 권수, N_2 : 2차코일 권수

정답 16. ② 17. ③

2014년도 제2회

제1과목 : 일반기계공학

01 2,500rpm으로 회전하면서 25kW를 전달하는 전동축이 있다. 이 전동축의 비틀림모멘트는 몇 N·m인가?

① 7.5　　　　　　　　② 9.6
③ 70.2　　　　　　　　④ 95.5

해설

$B_{kW} = \dfrac{2\pi \times T \times N}{102 \times 60}$

$T = \dfrac{B_{kW} \times 102 \times 60}{2\pi \times N} = \dfrac{25\text{kW} \times 102 \times 60}{2 \times 3.14 \times 2{,}500\text{rpm}} \approx 9.74\text{kgf·m} \approx (9.74 \times 9.8)\text{N·m} \approx 95.5\text{N·m}$

B_{kW} : 축출력(kW), 2π : 상수(1rev=360°=2π), T : 토크(kgf·m), N : 엔진 회전수(rpm), 1/102 : 상수(1kgf·m/sec =1/102kW), 1/60 : 상수(1rps=1/60rpm)

02 모듈 3, 잇수 30인 표준 스퍼기어의 외경은 몇 mm인가?

① 85　　　　　　　　② 96
③ 105　　　　　　　④ 116

해설

$D = M(z+2) = 3(30+2) = 96(\text{mm})$

D : 기어 외경(mm), M : 기어 모듈, z : 기어 잇수

정답　01. ④　02. ②

03 동력 축에서 마력을 PS, 허용전단응력 τ(kgf/mm²), 매분 회전수 n(rpm), 축의 지름을 d라고 할 때 축의 지름(cm)을 구하는 식은?

① $d = 71.5 \sqrt[3]{\dfrac{ps}{\tau n}}$
② $d = 7150 \sqrt[3]{\dfrac{ps}{\tau n}}$
③ $d = 79.2 \sqrt[3]{\dfrac{ps}{\tau n}}$
④ $d = 7920 \sqrt[3]{\dfrac{ps}{\tau n}}$

해설

- $T = \tau \times Z_p = \tau \times \dfrac{\pi d^3}{16}$

  T : 비틀림 모멘트, τ : 비틀림 응력, Z_p : 원형단면축 극단면계수, d : 축의 지름

- $B_{PS} = \dfrac{2\pi \times T \times n}{75 \times 100 \times 60}$

  $T = \dfrac{B_{PS} \times 75 \times 100 \times 60}{2\pi \times n} = \left(\dfrac{75 \times 100 \times 60}{2\pi}\right) \times \dfrac{B_{PS}}{n} \approx 71{,}620 \times \dfrac{B_{PS}}{n}$

  B_{PS} : 축출력(PS), 2π : 상수(1rev=360°=2π), T : 토크(kgf·m), n : 엔진 회전수(rpm), 1/75 : 상수 (1kgf·m/sec=1/75PS), 1/100 : 상수(1kg·cm/sec=1/100kg·m/sec), 1/60 : 상수(1rps=1/60rpm)

$T = \tau \times \dfrac{\pi d^3}{16} = 71{,}620 \times \dfrac{B_{PS}}{n}$

$d^3 = 71{,}620 \times 16 \times \dfrac{1}{\pi} \times \dfrac{1}{\tau} \times \dfrac{B_{PS}}{n} = \dfrac{71{,}620 \times 16}{\pi} \times \dfrac{B_{PS}}{\tau \times n} = \dfrac{71{,}620 \times 16}{3.14} \times \dfrac{B_{PS}}{\tau n} \approx 364{,}942 \times \dfrac{B_{PS}}{\tau n}$

$d \approx \sqrt[3]{364{,}942 \times \dfrac{B_{PS}}{\tau n}} \approx 71.5 \sqrt[3]{\dfrac{B_{PS}}{\tau n}}$

04 길이 3m의 4각 단면봉이 압축하중을 받아 0.0002의 세로변형률을 일으켰다면 수축량은 몇 cm인가?

① 0.0006
② 0.0015
③ 0.015
④ 0.06

해설

$\epsilon = \dfrac{\delta}{l_1} = \dfrac{l_2 - l_1}{l_1}$

ϵ : 변형률, δ : 변형된 길이(m), l_2 : 변형 후 길이(m), l_1 : 변형 전 길이(m)

수축량은 변형된 길이(δ)를 의미합니다.
따라서 $\delta = \epsilon \times l_1 = 0.0002 \times 3\text{m} = 0.0006\text{m} = 0.06\text{cm}$ 입니다.

정답 03. ① 04. ④

05 원심펌프 송출유량이 0.3m³/min이고, 관로의 손실수두가 8m이다. 펌프 중심에서 1.5m 아래 있는 저수지에서 물을 흡입하여 펌프 중심에서 15m의 높이의 탱크로 양수할 때, 펌프의 동력은 몇 kW인가?

① 1
② 1.2
③ 2
④ 2.2

해설

4℃ 상태 물의 비중량은 표준물질로서 1kgf/l 입니다.
1l =1/1,000m³이므로

$$1\text{kgf}/l = \frac{1\text{kgf}}{1l} = \frac{1\text{kgf}}{0.001\text{m}^3} = 1,000\text{kgf/m}^3$$

문제에서 펌프효율(η)이 주어지지 않았으므로 $\eta=1$로 가정하여 생략합니다.

$$B_{kW} = \left(\frac{1}{102 \times 60 \times \eta}\right) \times \gamma \times Q \times H$$

$$= \left(\frac{1}{102 \times 60}\right) \times 1,000\text{kgf/m}^3 \times 0.3\text{m}^3/\text{sec} \times (8\text{m} + 1.5\text{m} + 15\text{m})$$

$$= \frac{300\text{kgf/sec} \times 24.5\text{m}}{102 \times 60} = \frac{122.5\text{kgf} \cdot \text{m/sec}}{102} \approx 1.2\text{kW}$$

B_{kW} : 펌프 동력(kW), γ : 물 비중량(kgf/m³), Q : 펌프 유량(m³/sec), H : 전양정(m), 1/102 : 상수(1kgf·m/sec=1/102kW), 1/60 : 상수$\left(\frac{1}{1\text{min}} = \frac{1}{60\text{sec}}\right)$, η : 펌프효율

제2과목 : 자동차 엔진

06 실린더 안지름 60mm, 행정 60mm인 4실린더 기관의 총 배기량은?

① 약 750.4cc
② 약 678.6cc
③ 약 339.2cc
④ 약 169.7cc

해설

$$V_d = \left(\frac{\pi d^2}{4} \times l\right) \times n = \left[\frac{3.14 \times (6\text{cm})^2}{4} \times 6\text{cm}\right] \times 4 \approx 169.6\text{cm}^3 \times 4 = 678.4\text{cm}^3 = 678.4\text{cc}$$

V_d : 행정체적(cm³), d : 실린더 내경(cm), l : 실린더(또는 피스톤) 행정(cm), n : 실린더 수

정답 05. ② 06. ②

07 가솔린 기관의 열손실을 측정한 결과 냉각수에 의한 손실이 25%, 배기 및 복사에 의한 손실이 35%였다. 기계효율이 90%이면 정미효율은?

① 54%

② 36%

③ 32%

④ 20%

해설

정미효율=지시효율×기계효율=[1-(0.25+0.35)]×0.9=0.36

∴ 0.36×100=36%

제3과목 : 자동차 섀시

08 어떤 자동차의 공차질량이 1,510kg일 때 공차중량은?

① 약 14,808N

② 약 14,808kg

③ 약 15,100N

④ 약 15,100kg

해설

$W = mg = 1{,}510\text{kg} \times 9.8065\text{m/s}^2 \approx 14{,}808\text{kg} \cdot \text{m/s}^2 = 14{,}808\text{N}$

W : 중량(N), m : 질량(kg), g : 중력가속도(m/s^2)

정답 07. ② 08. ①

09 브레이크 마스터 실린더의 지름이 5cm이고 푸시로드의 미는 힘이 1,000N일 때 브레이크 파이프 내의 압력(kPa)은?

① 약 5.093kPa
② 약 50.93kPa
③ 약 509.3kPa
④ 약 5093kPa

> **해설**
>
> $$P_m = \frac{F_m}{\pi r^2} = \frac{1,000\text{N}}{3.14 \times \left(\frac{0.05\text{m}}{2}\right)^2} = \frac{1,000\text{N}}{3.14 \times (0.025\text{m})^2} \approx 509,554\text{N/m}^2 = 509,554\text{Pa} \approx 509.5\text{kPa}$$
>
> P_m : 마스터 실린더 압력(N/m^2), F_m : 푸시로드 힘(N), A_m : 마스터 실린더 단면적(m^2), r : 마스터 실린더 반경(m)

10 수동변속기에서 입력축의 회전 토크가 150kgf·m이고, 입력회전수가 1,000rpm일 때 출력축에서 1,000kgf·m의 토크를 내려면 출력축의 회전수는?

① 1,670rpm
② 1,500rpm
③ 667rpm
④ 150rpm

> **해설**
>
> 구동축=입력축, 피동축=출력축
>
> $$\frac{N_{in}}{N_{out}} = \frac{T_{out}}{T_{in}}$$
>
> $$N_{out} = \frac{T_{in} \times N_{in}}{T_{out}} = \frac{150\text{kgf} \cdot \text{m} \times 1,000\text{rpm}}{1,000\text{kgf} \cdot \text{m}} = 150\text{rpm}$$
>
> N_{in} : 구동축 회전수, N_{out} : 피동축 회전수, T_{in} : 구동축 토크, T_{out} : 피동축 토크

정답 09. ③ 10. ④

제4과목 : 자동차 전기

11 기관 회전수가 750rpm, 착화지연시간이 2ms, 착화 후 최대 폭발압력이 나타날 때까지 시간이 2ms일 때 ATDC 10°에서 최대 압력이 발생되게 하는 점화시기는?

① ATDC 6°
② BTDC 6°
③ BTDC 8°
④ BTDC 18°

해설

$$I_t = \left(\frac{N}{60}\right) \times 360 \times t = 6Nt = 6 \times 750\text{rpm} \times 2\text{ms} = 6 \times 750\text{rpm} \times \frac{2}{1,000}\sec = 9°$$

I_t : 크랭크축 회전각도(°), N : 엔진 회전수(rpm), t : 착화지연기간(sec), 1/60 : 상수(1rps=1/60rpm), 360 : 상수(1rev=360°)

해당 엔진 회전수(750rpm)에서
- 착화지연기간 2ms당 9° 소요
- 착화 후 최대 폭발압력이 나타날 때까지 시간이 2ms이므로 9° 소요
- ATDC 10°에서 최대 압력이 발생

즉, 착화지연기간+착화시기+착화 후 최대 폭발압력이 나타날 때까지 소요되는 기간=최대 폭발압력 도달 시기이므로
$9° + x + 9° = $ ATDC $10°$
$x = $ (ATDC $10°$) $- (9°+9°) = $ BTDC $8°$

정답 11. ③

2014년도 제3회

제1과목 : 일반기계공학

01 그림과 같은 단순보에서 R_A와 R_B의 값으로 적절한 것은?

① $R_A = 396.8\text{kN}$, $R_B = 303.2\text{kN}$
② $R_A = 411.1\text{kN}$, $R_B = 288.9\text{kN}$
③ $R_A = 432.3\text{kN}$, $R_B = 267.7\text{kN}$
④ $R_A = 467.4\text{kN}$, $R_B = 232.6\text{kN}$

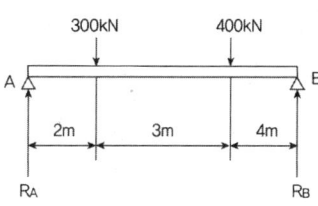

해설

$P_1 l_1 + P_2 l_2 - R_B l = 0$

- $R_B = \dfrac{P_1 l_1 + P_2 l_2}{l} = \dfrac{(300\text{kN} \times 2\text{m}) + [400\text{kN} \times (2\text{m}+3\text{m})]}{2\text{m}+3\text{m}+4\text{m}} = \dfrac{2600\text{kN} \cdot \text{m}}{9\text{m}} \approx 288.9\text{kN}$
- $R_A = P_1 + P_2 - R_B = 300\text{kN} + 400\text{kN} - 288.9\text{kN} = 411.1\text{kN}$

02 단면이 60mm×35mm인 장방형 보에 발생하는 압축응력이 5N/mm²일 경우, 몇 kN의 압축력이 작용하였는가?

① 5.75kN
② 10.5kN
③ 21.0kN
④ 42.0kN

해설

$\sigma = \dfrac{P}{A} = \dfrac{P}{B \times h}$

$P = \sigma \times A = \sigma \times (B \times h) = 5\text{N/mm}^2 \times (60\text{mm} \times 35\text{mm}) = 10,500\text{N} = 10.5\text{kN}$

σ : 허용응력(N/mm²), P : 하중 또는 힘(N), A : 단면적(mm²), B : 키 폭(mm), h : 키 높이(mm)

정답 01. ②   02. ②

03 유량이 20m³/sec인 사류펌프의 양정이 5m이면 이 펌프의 동력은 얼마인가?(단, 이 유체의 비중량은 9,800N/m³으로 한다)

① 98kW
② 980kW
③ 9,800kW
④ 98,000kW

해설

4℃ 상태 물의 비중량은 표준물질로서 1kgf/l 입니다.

1l=1/1,000m³이므로 1kgf/l = $\dfrac{1\text{kgf}}{1l}$ = $\dfrac{1\text{kgf}}{0.001\text{m}^3}$ = 1,000kgf/m³

문제에서 펌프효율(η)이 주어지지 않았으므로 η=1로 가정하여 생략합니다.

$B_{kW} = \left(\dfrac{1}{102\times\eta}\right) \times \gamma \times Q \times H = \left(\dfrac{1}{102}\right) \times 1,000\text{kgf/m}^3 \times 20\text{m}^3/\text{sec} \times 5\text{m}$

$= \dfrac{20,000\text{kgf/sec} \times 5\text{m}}{102} = \dfrac{100,000\text{kgf}\cdot\text{m/sec}}{102} \approx 980\text{kW}$

B_{kW} : 펌프 동력(kW), γ : 물 비중량(kgf/m³), Q : 펌프 유량(m³/sec), H : 전양정(m), 1/102 : 상수(1kgf·m/sec=1/102kW), η : 펌프효율

제2과목 : 자동차 엔진

04 어떤 오토 기관의 배기가스 온도를 측정한 결과 전부하 운전 시에는 850℃, 공전 시에는 350℃일 때 각각 절대온도(K)로 환산한 것으로 옳은 것은?(단, 소수점 이하는 제외한다)

① 1,850/1,350
② 850/350
③ 1,123/623
④ 577/77

해설

절대온도(K)≒섭씨온도(℃)+273

- 전부하 시 배기가스 온도 : 850(℃)+273=1,123(K)
- 공전 시 배기가스 온도 : 350(℃)+273=623(K)

정답 03. ② 04. ③

05 48PS를 내는 가솔린 기관이 8시간에 120l의 연료를 소비하였다면 제동 연료소비율은 몇 g/PS·h인가?(단, 연료의 비중은 0.74이다)

① 약 180
② 약 231
③ 약 251
④ 약 280

해설

① 연료의 밀도를 구합니다.
  4℃ 상태 물의 밀도는 표준물질로서 1kg/l이므로, 0.74×1kg/l=0.74kg/l입니다. 즉, 연료의 밀도는 0.74kg/l입니다.

② 연료의 질량을 구합니다.
  연료의 체적이 120l로 주어졌습니다. 즉, $\left(0.74\dfrac{kg}{l}\right) \times 120l = 88.8kg$이므로 연료의 질량은 88,800g입니다.

③ 48PS×8h=384PS·h

∴ 연료소비율(g/PS·h)= $\dfrac{88,800g}{384PS \cdot h} \approx 231 g/PS \cdot h$

제3과목 : 자동차 섀시

06 총 질량 22,000kg인 화물자동차가 6.72m/s²의 감속도로 제동되고 있다. 이때 제동력의 크기는?

① 약 3,273.8kN
② 약 3,273.8kgf
③ 약 147.8kN
④ 약 147.8kgf

해설

$F_b = ma = 22,000kg \times 6.72m/s^2 = 147,840 kg \cdot m/s^2 = 147,840 N \approx 147.8 kN$

F_b : 힘(N), m : 질량(kg), v : 가속도 또는 감속도(m/s²)

정답 05. ② 06. ③

07 표와 같은 제원인 승용차의 최소회전반경은 약 몇 m인가?

항 목	제 원
축 거	2300mm
윤 거	1040mm
외측전륜의 최대 조향각도	30°
내측전륜의 최대 조향각도	38°

① 2.6
② 2.9
③ 3.7
④ 4.6

해설

$$R = \frac{L}{\sin\alpha} = \frac{2,300\text{mm}}{\sin 30°} = \frac{2.3\text{m}}{0.5} = 4.6\text{m}$$

R : 최소회전반경(m), L : 축간거리(m), α : 바깥쪽 앞바퀴의 조향각(°),
r : 바퀴 접지면 중심과 킹핀과의 거리(m)

제3과목 : 자동차 전기

08 점화코일에서 1차코일의 권수 200회, 2차코일의 권수 20,000회 일 때 2차코일에 유기되는 전압은?(단, 1차코일 유기전압은 300V이고 축전지는 12V이다)

① 15,000V
② 25,000V
③ 30,000V
④ 50,000V

해설

$$V_2 = V_1 \times \frac{N_2}{N_1} = 300\text{V} \times \frac{20,000}{200} = 30,000\text{V}$$

V_2 : 2차코일 전압(V), V_1 : 1차코일 전압(V), N_1 : 1차코일 권수, N_2 : 2차코일 권수

정답 07. ④   08. ③

09 자동차의 방향지시기가 13초 동안에 15회 점멸하였다면 분당 점멸횟수는 약 얼마인가?

① 16회
② 52회
③ 56회
④ 69회

해설

13초 : 15회 = 1분 : x회, 13초 : 15회 = 60초 : x회, $15 \times 60 = 13x$

∴ $x = \dfrac{15 \times 60}{13} \approx 69$(회)

> 자동차 및 자동차부품의 성능과 기준에 관한 규칙(방향지시등의 설치 및 광도기준) : 방향지시등은 1분간 90±30회로 점멸하는 구조일 것(1분간 90~120회)

정답 09. ④

03 2015년도 제1회

제1과목 : 일반기계공학

01 재료의 인장강도가 4,500N/mm²인 연강재의 허용응력이 375N/mm²이라면 안전율은?

① 10　　　② 11　　　③ 12　　　④ 13

해설

$$S = \frac{\sigma_{\max}}{\sigma} = \frac{4,500\text{N/mm}^2}{375\text{N/mm}^2} = 12$$

S : 안전율, σ : 허용응력(N/mm²), $\sigma_{\max}$: 인장강도(N/mm²)

02 수면에서 5m 높이에 설치된 펌프가 펌프로부터 높이 30m인 곳에 매초 1m³의 물을 보내려면 이론상 동력은 약 몇 kW가 필요한가?

① 245　　　② 294　　　③ 343　　　④ 400

해설

4℃ 상태 물의 비중량은 표준물질로서 1kgf/l 입니다.

$1l = 1/1,000\text{m}^3$이므로 $1\text{kgf}/l = \dfrac{1\text{kgf}}{1l} = \dfrac{1\text{kgf}}{0.001\text{m}^3} = 1,000\text{kgf/m}^3$

문제에서 펌프효율(η)이 주어지지 않았으므로 $\eta = 1$로 가정하여 생략합니다.

$$B_{kW} = \left(\frac{1}{102 \times \eta}\right) \times \gamma \times Q \times H$$

$$= \left(\frac{1}{102}\right) \times 1,000\text{kgf/m}^3 \times 1\text{m}^3/\text{sec} \times (30\text{m} + 5\text{m})$$

$$= \frac{1,000\text{kgf/sec} \times 35\text{m}}{102} = \frac{35,000\text{kgf} \cdot \text{m/sec}}{102} \approx 343\text{kW}$$

B_{kW} : 펌프 동력(kW), γ : 물 비중량(kgf/m³), Q : 펌프 유량(m³/sec), H : 전양정(m), 1/102 : 상수(1kgf·m/sec=1/102kW), η : 펌프효율

정답 01. ③　02. ③

03 외경이 내경(d_1)의 2배인 중공축과 같은 비틀림 모멘트를 전달하는 중심축의 직경은?

① $1.55d_1$ ② $1.96d_1$ ③ $2.47d_1$ ④ $2.74d_1$

해설

원형중공축 비틀림 모멘트와 원형단면축(중실축) 비틀림 모멘트가 같다고 하였고, 외경(d_2)이 내경(d_1)의 2배라고 하였으므로 $d_2 = 2d_1$으로 가정합니다.

$T_{원형중공축} = T_{원형단면축}$

$$\tau \times \frac{\pi(d_2^4 - d_1^4)}{16d_2} = \tau \times \frac{\pi d^3}{16}$$

$$\frac{(2d_1)^4 - (d_1)^4}{2d_1} = d^3, \quad \frac{16d_1^3 - 1d_1^3}{2} = d^3, \quad \frac{15d_1^3}{2} = d^3$$

$$\therefore d = \sqrt[3]{\frac{15d_1^3}{2}} \approx 1.96d_1$$

T : 비틀림 모멘트, τ : 비틀림 응력, d_2 : 축의 외경, d_1 : 축의 내경

- 원형중공축 비틀림 모멘트(T) = $\tau \times Z_p = \tau \times \frac{\pi(d_2^4 - d_1^4)}{16d_2}$
- 원형단면축(중실축) 비틀림 모멘트(T) = $\tau \times Z_p = \tau \times \frac{\pi d^3}{16}$

04 탄성한도 내에서 인장 하중을 받는 봉에 발생하는 응력에 의한 단위 체적당 저장되는 탄성에너지가 u_1일 때 봉에 발생하는 인장응력이 2배가 되면 단위 체적당 저장되는 탄성에너지는?

① $\frac{1}{4}u_1$ ② $\frac{1}{2}u_1$ ③ $2u_1$ ④ $4u_1$

해설

탄성에너지 구하는 공식

$$u_1 = \frac{1}{2}P\delta = \frac{1}{2} \times P \times \frac{Pl}{AE} = \frac{1}{2} \times P \times \sigma \times \frac{l}{E} = \frac{1}{2} \times \sigma A \times \sigma \times \frac{l}{E} = \frac{\sigma^2 Al}{2E}$$

u_1 : 단위체적당 저장되는 탄성에너지, P : 하중 또는 힘, δ : 변형량$\left(\delta = \frac{Pl}{AE}\right)$, E : 탄성계수, σ : 인장응력$\left(\sigma = \frac{P}{A}\right)$, A : 단면적, l : 길이

$u_1 = \frac{\sigma^2 Al}{2E}$ 로서 단위체적당 저장되는 탄성에너지(u_1)는 인장응력의 제곱(σ^2)에 비례($u_1 \propto \sigma^2$)하므로 인장응력이 2배가 되면 단위체적당 저장되는 탄성에너지는 4배가 됩니다.

정답 03. ② 04. ④

제2과목 : 자동차 엔진

05 밸브의 양정이 15mm일 때 일반적으로 밸브의 지름은 약 얼마인가?

① 60mm
② 50mm
③ 40mm
④ 20mm

해설

$d = 4h = 4 \times 15\text{mm} = 60\text{mm}$

h : 밸브 양정(mm), d : 밸브 지름(mm)

06 내연기관의 열손실을 측정한 결과 냉각수에 의한 손실이 30%, 배기 및 복사에 의한 손실이 30%였다. 기계효율이 85%라면 정미 열효율은?

① 28%
② 30%
③ 32%
④ 34%

해설

- 지시열효율(%)=100-(냉각 손실+배기 및 복사에 의한 열손실)=100-(30+30)=40%
- 제동(정미)열효율(%)=(지시열효율×기계효율)×100=0.4×0.85×100=34%

기계효율(%)=(제동열효율÷지시열효율)×100

정답 05. ① 06. ④

07 디젤기관의 회전속도가 1,800rpm일 때 20°의 착화지연시간은 약 얼마인가?

① 2.77ms
② 0.10ms
③ 66.66ms
④ 1.85ms

해설

- $I_t = \left(\dfrac{N}{60}\right) \times 360 \times t = 6Nt$

- $t = \dfrac{I_t}{6N} = \dfrac{20°}{6 \times 1,800\text{rpm}} \approx 0.00185\text{sec} = 1.85\text{ms}$

I_t : 크랭크축 회전각도(°), N : 엔진 회전수(rpm), t : 착화지연기간(sec), 1/60 : 상수(1rps=1/60rpm), 360 : 상수(1rev=360°)

08 4행정 사이클 디젤기관의 분사펌프 제어래크를 전부하 상태로 하고, 최대 회전수를 2,000rpm으로 하며, 분사량을 시험하였더니 1실린더 107cc, 2실린더 115cc, 3실린더 105cc, 4실린더 93cc일 때 수정할 실린더의 수정치 범위는 얼마인가?(단, 전부하 시 불균율은 4%로 계산한다)

① 100.8~109.2cc
② 100.1~100.5cc
③ 96.3~100.6cc
④ 89.7~95.8cc

해설

- 최소분사량 = 각 노즐 분사량 중 가장 적은 분사량
- 평균분사량 = $\dfrac{\text{각 실린더 분사량의 합}}{\text{실린더 수}}$
- 최대분사량 = 각 노즐 분사량 중 가장 많은 분사량
- (+)불균율(%) = $\dfrac{\text{최대분사량} - \text{평균분사량}}{\text{평균분사량}} \times 100$
- (−)불균율(%) = $\dfrac{\text{평균분사량} - \text{최소분사량}}{\text{평균분사량}} \times 100$

- 평균분사량 = $\dfrac{\text{각 실린더 분사량의 합}}{\text{실린더 수}} = \dfrac{107\text{cc} + 115\text{cc} + 105\text{cc} + 93\text{cc}}{4} = 105\text{cc}$

- 문제에서 제어래크가 전부하 상태에 있으며, 전부하 상태에서 불균율이 4%로 주어졌으므로 105cc × 0.04 = 4.2cc입니다.

∴ 규정범위 = 105cc ± 4.2cc → (105cc − 4.2cc) ~ (105cc + 4.2cc) = 100.8cc ~ 109.2cc

- 정상 : 1번, 3번 실린더
- 비정상 : 2번, 4번 실린더

정답 07. ④ 08. ①

제3과목 : 자동차 섀시

09 사고 후에 측정한 제동궤적(Skid Mark)은 40m이었고, 사고 당시의 제동 감속도는 6m/s² 이다. 사고 상황에서 제동 시 주행속도는?

① 144km/h

② 43.2km/h

③ 86.4km/h

④ 57.6km/h

해설

제동 상황으로서 운동방향이 바뀌는 순간 나중속도(v)는 0이 됩니다.

$\sqrt{2aS} = v - v_0$
a : 가속도 또는 감속도(m/s²), S : 변위(m), v : 나중속도(m/s), v_0 : 처음속도(m/s)

$v_0 = \sqrt{2aS} - v$, $v_0 = \sqrt{2 \times (6m/s^2) \times 48m} - 0$, $v_0 = \sqrt{576 m^2/s^2}$

$\therefore v_0 = 24 m/s = \dfrac{\left(24 \times \dfrac{1}{1,000}\right) km}{\left(\dfrac{1}{3,600}\right) h} = \dfrac{(3,600 \times 24) km}{1,000 h} = 86.4 km/h$

10 듀티 30%인 변속 솔레노이드의 주파수가 366Hz일 때 주기는 약 얼마인가?

① 1.09ms

② 2.73ms

③ 10.9ms

④ 27.3ms

해설

주기(sec) = $\dfrac{1}{\text{주파수(Hz)}} = \dfrac{1}{366 Hz} = 0.00273 sec = 2.73 ms$

정답 09. ③   10. ②

11 마찰 클러치의 마찰면을 6개의 코일 스프링이 각각 450N의 힘으로 압착하고 있다. 마찰계수가 0.35라면 마찰면의 한 면에 작용하는 마찰력의 크기는?

① 945N
② 1,285N
③ 2,700N
④ 7,714N

해설

$F = \mu \times P \times n = 0.35 \times 450\text{N} \times 6 = 945\text{N}$

F : 마찰력(N), μ : 마찰계수, P : 수직하중(N), n : 코일스프링 수

12 어느 승용차로 정지 상태에서부터 100km/h까지 가속하는데 6초 걸렸다. 이 자동차의 평균가속도는?

① 약 4.63m/s^2
② 약 16.67m/s^2
③ 약 6.0m/s^2
④ 약 8.34m/s^2

해설

$$a = \frac{v_f - v_i}{t} = \frac{(100\text{km/h} - 0\text{km/h})}{6\text{s}} = \frac{100\text{km/h}}{6\text{s}} = \frac{\frac{(100 \times 1,000)\text{m}}{3,600\text{s}}}{\frac{6\text{s}}{1}} = \frac{(100 \times 1,000)\text{m}}{3,600\text{s} \times 6\text{s}} \approx 4.63\text{m/s}^2$$

a : 가속도(m/s²), v_f : 나중속도(m/s), v_i : 처음속도(m/s), t : 소요시간(s)

정답 11. ① 12. ①

제4과목 : 자동차 전기

13 14V 배터리에 연결된 전구의 소비전력이 60W이다. 배터리의 전압이 떨어져 12V가 되었을 때 전구의 실제 전력은 약 몇 W인가?

① 3.2
② 25.5
③ 39.2
④ 44.1

해설

① 배터리 전압이 14V일 때 회로의 저항
$$R = \frac{v^2}{P_E} = \frac{(14V)^2}{60W} = \frac{(14V)^2}{60(V \times I)} = \frac{196V}{60I} \approx 3.2667\Omega$$

P_E : 전력(W), v : 전압(V), i : 전류(A), R : 저항(Ω)
※ 배터리 전압이 떨어져도 회로의 저항은 고정저항으로서 변하지 않습니다.

② 배터리 전압이 12V일 때 전구의 전력
$$P_E = v \times i = v \times \frac{v}{R} = \frac{v^2}{R} = \frac{(12V)^2}{3.2667\Omega} \approx 44.1W$$

P_E : 전력(W), v : 전압(V), i : 전류(A), R : 저항(Ω)

14 12V의 배터리에 저항 5개를 직렬로 연결한 결과 24A의 전류가 흘렀다. 동일한 배터리에 동일한 저항 6개를 직렬 연결하면 얼마의 전류가 흐르는가?

① 10A
② 20A
③ 30A
④ 40A

해설

① 12V의 배터리에 저항 5개를 직렬로 연결한 결과 24A의 전류가 흘렀을 때 회로의 저항
$$R = \frac{v}{i} = \frac{12V}{24A} = 0.5\Omega$$
저항 5개를 직렬 연결 시 0.5Ω이므로 저항 1개의 값은 0.5Ω ÷ 5 = 0.1Ω입니다.

② 동일한 배터리(12V)에 동일한 저항 6개(0.1Ω × 6 = 0.6Ω)를 직렬 연결했을 때 회로의 전류값
$$i = \frac{v}{R} = \frac{12v}{0.1\Omega \times 6} = \frac{12v}{0.6\Omega} = 20A$$

v : 전압(V), R : 저항(Ω), i : 전류(A)

정답 13. ④ 14. ②

15 직류 발전기의 전기자 총 도체 수가 48, 자극 수가 2, 전기자 병렬회로 수가 2, 각 극의 자속이 0.018Wb이다. 회전수가 1,800rpm일 때 유기되는 전압은?(단, 전기자 저항은 무시한다)

① 약 21V
② 약 23.5V
③ 약 25.9V
④ 약 28V

해설

$$V_i = \frac{Z \times P \times \Phi \times N}{n \times 60} = \frac{48 \times 2 \times 0.018\text{Wb} \times 1,800\text{rpm}}{2 \times 60} \approx 25.9\text{V}$$

V_i : 유도기전력(V), Z : 도체수, P : 자극수, Φ : 자속(Wb), N : 회전수(rpm), n : 병렬회로 수, 1/60 : 상수(1rps=1/60rpm)

정답 15. ③

2015년도 제2회

제1과목 : 일반기계공학

01 그림과 같이 물체 A와 바닥 B의 표면에 수직하중(P) 150N이 작용할 때 물체 A를 이동시켜 150N의 마찰력(Q)이 발생한다면 마찰각은?

① 15°
② 30°
③ 45°
④ 90°

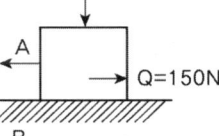

해설

$Q = \mu \times P = \tan\theta \times P$

$\tan\theta = \dfrac{Q}{P} = \dfrac{150N}{150N} = 1$, $\tan\theta = 1$

$\therefore \theta = \dfrac{1}{\tan} = \tan^{-1}1 = \arctan 1 = 45°$

Q : 마찰력(N), μ : 마찰계수, P : 수직하중(N)

02 길이 500mm의 봉이 인장하중을 받아 0.5mm만큼 늘어났을 때, 인장변형률은?

① 0.001
② 0.01
③ 100
④ 1,000

해설

$\varepsilon = \dfrac{\delta}{l_1} = \dfrac{l_2 - l_1}{l_1} = \dfrac{0.5\text{mm}}{500\text{mm}} = 0.001$

ϵ : 변형률, δ : 변형된 길이(mm), l_2 : 변형 후 길이(mm), l_1 : 변형 전 길이(mm)

정답 01. ③ 02. ①

03 지름이 4mm인 강선이 그림과 같이 반지름이 500mm인 원통 위에서 휘어져 있을 때 최대 굽힘응력은 몇 kgf/cm²인가?(단, $E=2.0\times10^6$kgf/cm²이다)

① 796.8
② 1,593.6
③ 7,968
④ 15,936

해설

$$\sigma = E \times \frac{\left(\frac{d}{2}\right)}{\rho} = 2.0 \times 10^6 \, \text{kgf/cm}^2 \times \frac{\frac{4\text{mm}}{2}}{500\text{mm}} = 2.0 \times 10^6 \, \text{kgf/cm}^2 \times \frac{0.2\text{cm}}{50\text{cm}} = 8,000 \, \text{kgf/cm}^2$$

σ : 최대굽힘응력(kgf/cm²), E : 탄성계수(비례상수), d : 강선의 지름(cm), ρ : 원통의 반지름(cm)

04 그림과 같은 마이크로미터의 측정값은?

① 5.41mm
② 5.91mm
③ 9.41mm
④ 9.91mm

해설

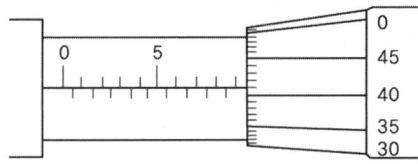

마이크로미터 측정값=어미눈금+딤블눈금
∴ 9mm+0.41mm=9.41mm

정답 03. ③ 04. ③

05 보의 길이 300mm, 지름 50mm인 원형 단면의 외팔보가 있다. 이 보에 생기는 최대 처짐을 0.2mm 이하로 제한한다면 보의 자유단에 작용시킬 수 있는 집중하중은 최대 약 몇 Pa인가?(단, 세로탄성계수(E)는 206GPa, π=3.14)

① 1,400
② 1,500
③ 1,600
④ 1,700

해설

$$\delta_{\max} = \frac{Pl^3}{3EI}$$

$\delta_{\max}$: 최대 처짐량(m), P : 집중하중(Pa), l : 보 길이(m), E : 세로탄성계수(GPa),
I : 원형단면축 관성모멘트

$$P = \frac{3EI}{l^3} \times \delta_{\max} = \frac{3 \times E \times \frac{\pi d^4}{64} \times \delta_{\max}}{l^3} = \frac{3 \times 206\mathrm{GPa} \times \frac{3.14 \times (50\mathrm{mm})^4}{64} \times 0.2\mathrm{mm}}{(300\mathrm{mm})^3}$$

$$= \frac{3 \times [(206 \times 10^9)\mathrm{N/m^2}] \times \frac{3.14 \times (0.05\mathrm{m})^4}{64} \times 0.0002\mathrm{m}}{(0.3\mathrm{m})^3} \approx 1{,}403\mathrm{N/m^2} = 1{,}403\mathrm{Pa}$$

제2과목 : 자동차 엔진

06 오토사이클의 압축비가 8.5일 경우 이론 열효율은?(단, 공기의 비열비는 1.4이다)

① 57.5%
② 49.6%
③ 52.4%
④ 54.6%

해설

$$\eta_{otto}[\%] = \left[1 - \left(\frac{1}{\epsilon^{\kappa-1}}\right)\right] \times 100 = \left[1 - \left(\frac{1}{8.5^{1.4-1}}\right)\right] \times 100 \approx 57.5\%$$

η_{otto} : 오토사이클 열효율, ϵ : 압축비, κ : 비열비

정답 05. ① 06. ①

07 총배기량이 1,254cc이고, 실린더수가 4인 가솔린엔진의 압축비가 6.6이다. 이 엔진의 연소실 체적은 약 몇 cc인가?

① 47.5　　② 57　　③ 190　　④ 313.5

> **해설**
>
> $$\epsilon = \frac{V_{cy}}{V_c} = \frac{V_c + V_d}{V_c} = 1 + \frac{V_d}{V_c}$$
>
> ϵ : 압축비, V_{cy} : 실린더체적, V_c : 연소실체적, V_d : 행정체적
>
> $$V_c = \frac{V_d}{(\epsilon - 1)} = \frac{\left(\frac{1{,}254\text{cc}}{4}\right)}{6.6 - 1} = \frac{313.5\text{cc}}{5.5} = 57\text{cc}$$

제3과목 : 자동차 섀시

08 자동차의 변속기에서 제3속의 감속비 1.5, 종감속 구동 피니언 기어의 잇수 5, 링 기어의 잇수 22, 구동바퀴의 타이어 유효반경 280mm, 엔진 회전수 3,300rpm으로 직진주행하고 있다. 이 자동차의 주행속도는?(단, 타이어의 미끄러짐은 무시한다)

① 약 26.4km/h　　② 약 52.8km/h
③ 약 116.2km/h　　④ 약 128.4km/h

> **해설**
>
> ① 바퀴 회전수
>
> $$N_w = \frac{N_e}{R_{tot}} = \frac{N_e}{R_T \times R_F} = \frac{N_e}{R_T \times \left(\frac{G_r}{G_p}\right)} = \frac{3300\text{rpm}}{1.5 \times \left(\frac{22}{5}\right)} = 500\text{rpm}$$
>
> N_w : 바퀴 회전수(rpm), N_e : 엔진 회전수(rpm), R_{tot} : 최종감속비, R_T : 변속비, R_F : 종감속비, G_r : 링기어 잇수, G_p : 구동 피니언 잇수
>
> ② rpm을 km/h로 변환
>
> $$N\text{rpm} = \frac{N\text{rev}}{1\text{min}} = \frac{\left(\frac{2\pi r \times N}{1}\right)\text{m}}{\left(\frac{1}{60}\right)\text{h}} = \frac{\left[\left(\frac{2\pi r \times N}{1}\right) \times \frac{1}{1{,}000}\right]\text{km}}{\left(\frac{1}{60}\right)\text{h}} = \left(2\pi r \times N \times \frac{60}{1{,}000}\right)\text{km/h}$$
>
> $$500\text{rpm} = 2 \times 3.14 \times 0.28 \times 500 \times \frac{60}{1000} \approx 52.8(\text{km/h})$$
>
> 2π : 상수(1rev=360°=2π), N : 바퀴 회전수(rpm), r : 바퀴 반지름(m)

정답 07. ②　08. ②

09 마스터 실린더의 단면적이 10cm²인 자동차가 있다. 20N의 힘으로 브레이크 페달을 밟았을 경우 휠 실린더의 단면적이 20cm²라고 하면, 이때의 휠 실린더에 작용되는 힘은?

① 20N ② 30N
③ 40N ④ 50N

해설

$$P_m = \frac{F_m}{A_m} = \frac{F_m}{\pi r^2} = \frac{20\text{N}}{10\text{cm}^2} = 2\text{N/cm}^2$$

P_m : 마스터 실린더 압력(N/cm²), F_m : 푸시로드 힘(N), A_m : 마스터 실린더 단면적(cm²), r : 마스터 실린더 반경(cm)
P_w : 휠 실린더 압력(N/cm²), F_w : 휠 실린더 피스톤 힘(N), A_w : 휠 실린더 단면적(cm²)

파스칼 원리에 의해 마스터 실린더 압력(P_m)=휠 실린더 압력(P_w)입니다.

$$P_m = P_w, \quad \frac{F_m}{A_m} = \frac{F_w}{A_w}$$

$$2\text{N/cm}^2 = \frac{F_w}{20\text{cm}^2}, \quad F_w = 2\frac{\text{N}}{\text{cm}^2} \times 20\text{cm}^2 = 40\text{N}$$

제4과목 : 자동차 전기

10 그림과 같은 인젝터 회로 점검에 대한 설명으로 옳은 것은?

① 7kΩ
② 9kΩ
③ 11kΩ
④ 13kΩ

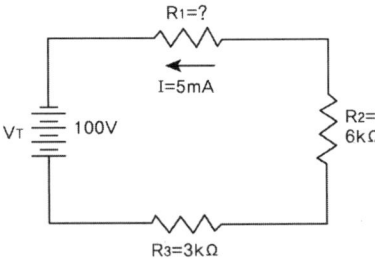

해설

① 직렬회로의 합성저항을 구합니다.

$$R_{tot} = \frac{v}{i} = \frac{100V}{5mA} = \frac{100V}{0.005A} = 20000\Omega = 20\text{k}\Omega$$

R_{tot} : 저항(Ω), v : 전압(V), i : 전류(A)

② R_1 저항을 구합니다.
$R_{tot} = R_1 + R_2 + R_3$,
20kΩ = R_1 + 6kΩ + 3kΩ,
R_1 = 20kΩ − 9kΩ = 11kΩ

정답 09. ③ 10. ③

11 가솔린 엔진에서 기동전동기의 소모전류가 90A이고, 배터리 전압이 12V일 때 기동전동기의 마력은 약 얼마인가?

① 0.75PS
② 1.26PS
③ 1.47PS
④ 1.78PS

해설

$P_E = v \times i = 12\text{V} \times 90\text{A} = 1,080\text{W} = 1.08\text{kW}$
P_E : 전력(W), v : 전압(V), i : 전류(A)

1PS : 0.736kW = xPS : 1.08kW, $0.736 \times x = 1.08$

$\therefore x = \dfrac{1.08}{0.736} \approx 1.47\text{PS}$

12 기전력이 2.8V, 내부저항이 0.15Ω인 전지 33개를 직렬로 접속할 때 1Ω의 저항에 흐르는 전류는 약 얼마인가?

① 12.1A
② 13.2A
③ 15.5A
④ 16.2A

해설

① 전지 33개를 직렬 연결한 합성전압
   $2.8\text{V} \times 33 \approx 92.4\text{V}$
② 전지 33개를 직렬 연결 시 전지 내부저항의 합성저항(R_{tot})
   $R_{tot} = 0.15\Omega \times 33 = 4.95\Omega$
③ 전체 회로의 총 합성저항
   전지 내부저항의 합성저항+부하저항=전체 회로의 총 합성저항
   $\therefore 4.95\Omega + 1\Omega = 5.95\Omega$
④ 전체 회로에 흐르는 합성전류
   $i = \dfrac{v}{R} = \dfrac{92.4\text{V}}{5.95\Omega} \approx 15.5\text{A}$

i : 전류(A), v : 전압(V), R : 저항(Ω)

정답 11. ③   12. ③

13 12V를 사용하는 자동차의 점화코일에 흐르는 전류가 0.01초 동안에 50A 변화하였다. 자기인덕턴스가 0.5H일 때 코일에 유도되는 기전력은 얼마인가?

① 6V

② 104V

③ 2,500V

④ 60,000V

해설

$$V_i = L \times \frac{di}{dt} = 0.5\text{H} \times \frac{50A}{0.01\text{sec}} = 2,500\text{V}$$

V_i : 유도기전력(V), L : 인덕턴스(H), di : 전류 변화(A), dt : 시간 변화(sec)

정답 13. ③

2015년도 제3회

자동차정비산업기사 필기 계산문제 한 권으로 끝내기

제1과목 : 일반기계공학

01 스팬이 2m인 단순보의 중앙에 1,000kgf의 집중하중이 작용할 때, 최대 휨모멘트는 몇 kgf·m인가?

① 250 ② 500 ③ 25,000 ④ 50,000

해설

$$M = \frac{Pl}{4} = \frac{1{,}000\text{kgf} \times 2\text{m}}{4} = 500\text{kgf} \cdot \text{m}$$

M : 단순보에서 중앙집중하중 작용 시 최대 굽힘 모멘트(kgf·m), P : 집중하중(kgf), l : 보 길이(m)

02 판 두께 10mm, 인장강도 3,500N/cm², 안전계수 4인 연강판으로 5N/cm²의 내압을 받는 원통을 만들고자 한다. 이때 원통의 안지름은 몇 cm인가?

① 87.5 ② 175 ③ 350 ④ 700

해설

$$\sigma_{\max} = \frac{P \times d \times S}{2 \times \phi}$$

$$3{,}500\text{N/cm}^2 = \frac{5\text{N/cm}^2 \times d \times 4}{2 \times 1\text{cm}}$$

$$\therefore d = \frac{3{,}500\text{N/cm}^2 \times 2 \times 1\text{cm}}{5\text{N/cm}^2 \times 4} = 350\text{cm}$$

$\sigma_{\max}$: 인장강도(N/cm²), P : 내압(N/cm²), d : 내경(cm), S : 안전계수(안전율), ϕ : 판 두께(cm)

정답 01. ② 02. ③

03 두줄나사를 두 바퀴 돌렸더니 축 방향으로 12mm 이동하였다면 이 나사의 피치(p)와 리드(l)는 각각 얼마인가?

① $p=3\text{mm}, \ l=3\text{mm}$
② $p=6\text{mm}, \ l=3\text{mm}$
③ $p=3\text{mm}, \ l=6\text{mm}$
④ $p=6\text{mm}, \ l=6\text{mm}$

해설

리드 : 나사가 1회전 할 때 축 방향으로 움직인 거리

- $p = \dfrac{l}{n} = \dfrac{\frac{12\text{mm}}{2\text{회전}}}{2\text{줄}} \rightarrow \dfrac{6\text{mm}}{2} = 3\text{mm}$
- $l = n \times p = 2 \times 3\text{mm} = 6\text{mm}$

l : 리드(mm), n : 줄 수, p : 피치(mm)

04 스프링 장치에 인장하중 P=100N일 때, 스프링 장치의 하중방향의 처짐량은?(단, 스프링 상수 K_1=20N/cm이고, K_2=10N/cm이다)

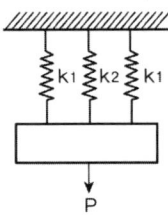

① 1.67cm
② 2cm
③ 2.5cm
④ 20cm

해설

병렬연결 합성스프링 상수 : $k = k_1 + k_2$
δ : 변형량, P : 인장하중(N), k : 합성스프링 상수(N/cm)

- $k = k_1 + k_2 + k_1 = 20\text{N/cm} + 10\text{N/cm} + 20\text{N/cm} = 50\text{N/cm}$
- $\delta = \dfrac{P}{k} = \dfrac{100\text{N}}{50\text{N/cm}} = 2\text{cm}$

정답 03. ③ 04. ②

05 볼 베어링의 호칭번호가 6008일 경우 안지름은 몇 mm인가?

① 8
② 16
③ 20
④ 40

해설

08×5=40mm

> **볼 베어링의 호칭치수(예 6008)**
> • 6 : 베어링 종류 번호
> • 0 : 베어링 지름 번호
> • 08 : 베어링 안지름 번호[안지름번호×5=안지름(mm)]

06 최대인장력 2,000N을 받을 수 있는 단면적 20mm²인 특수강의 안전율이 4일 때, 허용인장응력은 몇 MPa인가?

① 25
② 40
③ 250
④ 400

해설

$$\sigma = \frac{\sigma_{max}}{S} = \frac{\frac{2,000\text{N}}{20\text{mm}^2}}{\frac{4}{1}} = \frac{2,000\text{N}}{80\text{mm}^2} = 25\text{N/mm}^2 = 25\text{MPa}$$

> σ : 허용응력(N/mm²), σ_{max} : 인장강도(N/mm²), S : 안전율

정답 05. ④ 06. ①

제2과목 : 자동차 엔진

07 가솔린기관에서 압축비가 12일 경우 열효율(η_o)은 약 몇 %인가?(단, 비열비(κ)=1.4)

① 54
② 60
③ 63
④ 65

해설

$$\eta_{otto}(\%) = \left[1-\left(\frac{1}{\epsilon^{\kappa-1}}\right)\right]\times 100 = \left[1-\left(\frac{1}{12^{1.4-1}}\right)\right]\times 100 \approx 63\%$$

η_{otto} : 오토사이클 열효율, ϵ : 압축비, κ : 비열비

08 가솔린 300cc를 연소시키기 위하여 약 몇 kgf의 공기가 필요한가?(단, 혼합비는 15, 가솔린의 비중은 0.75이다)

① 1.19
② 2.42
③ 3.37
④ 49.2

해설

4℃ 상태 물의 비중량은 표준물질로서 $1kgf/l$
연료의 비중량은 $0.75 \times 1kgf/l = 0.75kgf/l$ 이므로 $0.75kgf/l$ 입니다.

① 연료의 체적이 300cc로 주어졌습니다.
  $1cc = 0.001l$ 이므로 연료의 체적은 $0.3l$ 입니다.
  $\left(0.75\frac{kgf}{l}\right)\times 0.3l = 0.225kgf$ 이므로 연료의 무게는 0.225kgf입니다.

② 혼합비가 15로 주어졌습니다.
  혼합비는 공기무게(질량) : 연료무게(질량)이므로, 공기무게 : 연료무게=15 : 1
  $15 : 1 = x : 0.225kgf$ $x \approx 3.37kgf$
  ∴ 공기무게는 3.37kgf, 연료무게는 0.225kgf

정답 07. ③ 08. ③

09 간극체적 60cc, 압축비 10인 실린더의 배기량(cc)은?

① 540
② 560
③ 580
④ 600

해설

- $\epsilon = \dfrac{V_{cy}}{V_c} = \dfrac{V_c + V_d}{V_c} = 1 + \dfrac{V_d}{V_c}$
- $V_d = V_c(\epsilon - 1) = 60\text{cc}(10 - 1) = 540\text{cc}$

ϵ : 압축비, V_{cy} : 실린더체적, V_c : 연소실체적, V_d : 행정체적

제3과목 : 자동차 섀시

10 토크비가 5이고 속도비가 0.5이다. 이때 펌프가 3,000rpm으로 회전할 때 토크 효율은?

① 1.5
② 2.5
③ 3.5
④ 4.5

해설

$\eta_t = \dfrac{T_{out}}{T_{in}} \times \dfrac{N_{out}}{N_{in}} = R_T \times R_S = 5 \times 0.5 = 2.5$

η_t : 토크 효율, T_{in} : 입력 토크, T_{out} : 출력 토크, N_{in} : 입력 회전수, N_{out} : 출력 회전수, R_T : 토크비, R_S : 속도비

정답 09. ① 10. ②

11 자동차가 72km/h로 주행하기 위한 엔진의 실마력은?(단, 전주행저항은 75kgf이고, 동력 전달효율은 0.8이다.)

① 16PS
② 20PS
③ 25PS
④ 30PS

해설

$$B_{PS} = \frac{F \times v}{75 \times \eta} = \frac{75\text{kgf} \times (72\text{km/h})}{75 \times 0.8} = \frac{75\text{kgf} \times \left[\frac{(72 \times 1{,}000)\text{m}}{(1 \times 3{,}600)\text{s}}\right]}{75 \times 0.8} = \frac{1875\text{kgf} \cdot \text{m/sec}}{75} = 25\text{PS}$$

B_{PS} : 실 마력(PS), F : 힘(kgf), v : 속도(km/h), 1/75 : 상수(1kgf·m/sec=1/75PS), η : 동력전달효율

12 차량 총중량이 2ton인 자동차가 등판저항이 약 350kgf로 언덕길로 올라갈 때 언덕길의 구배는 약 얼마인가?

① 10°
② 11°
③ 12°
④ 13°

해설

$R_g = W \times \sin\theta$

$\sin\theta = \dfrac{R_g}{W} = \dfrac{350\text{kgf}}{2000\text{kgf}} = 0.175$

$\theta = \sin^{-1} \times 0.175 = \arcsin 0.175 \approx 10°$

R_g : 구배저항(kgf), W : 차량 총중량(kgf), θ : 노면 경사각(°)

※ 참고

$\sin\theta \approx \tan\theta$이므로 $R_g = W \times \tan\theta$도 적용할 수 있습니다.

정답 11. ③ 12. ①

제4과목 : 자동차 전기

13 다음 그림과 같은 회로에서 가장 적합한 퓨즈의 용량은?

① 10A
② 15A
③ 25A
④ 30A

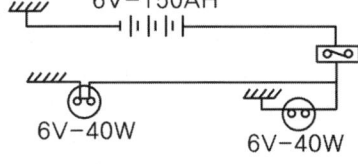

해설

① 전구 1개의 저항

$$P_E = v \times i = v \times \left(\frac{v}{R}\right) = \frac{v^2}{R} \qquad R = \frac{v^2}{P_E} = \frac{(6V)^2}{40W} = \frac{(6V)^2}{40(V \times I)} = 0.9\Omega$$

P_E : 전력(W), v : 전압(V), i : 전류(A)

② 전구 1개에 흐르는 전류

$$i = \frac{v}{R} = \frac{6V}{0.9\Omega} \approx 6.67A$$

∴ 회로에 흐르는 전류(전구 2개에 흐르는 총 전류)는 6.67A×2≒13.3A이므로 15A 퓨즈를 사용합니다.

14 기동전동기에 흐르는 전류는 120A이고 전압은 12V일 때, 이 기동전동기의 출력은 몇 PS 인가?

① 0.56
② 1.22
③ 18.2
④ 1.96

해설

$$P_E = v \times i = 12V \times 120A = 1,440W = 1.44kW$$

P_E : 전력(W), v : 전압(V), i : 전류(A)

1PS : 0.736kW = xPS : 1.44kW   0.736 × x = 1.44

∴ $x = \dfrac{1.44}{0.736} \approx 1.96(PS)$

정답 13. ② 14. ④

15 기전력 2V, 내부저항 0.2Ω의 전지 10개를 병렬로 접속했을 때 부하 4Ω에 흐르는 전류는?

① 0.333A

② 0.498A

③ 0.664A

④ 13.64A

> **해설**
>
> ① 전지 10개를 병렬 연결한 합성전압
> 병렬회로에서는 전압이 일정하므로 합성전압은 2V입니다.
>
> ② 전지 10개를 병렬 연결 시 전지 내부저항의 합성저항(R_{tot})
> $$\frac{1}{R_{tot}} = \frac{1}{R_1} + \frac{1}{R_2} \cdots + \frac{1}{R_n},$$
> $$\frac{1}{R_{tot}} = \frac{1}{0.2} \times 10 = 50\Omega,$$
> $$R_{tot} = \frac{1}{50\Omega} = 0.02\Omega$$
>
> ③ 전체 회로의 총 합성저항
> 전지 내부저항의 합성저항+부하저항=총 합성저항
> 0.02Ω+4Ω=4.02Ω
>
> ④ 전체 회로에 흐르는 합성전류
> $$i = \frac{v}{R} = \frac{2V}{4.02\Omega} \approx 0.498A$$
> v : 전압(V), R : 저항(Ω), i : 전류(A)

정답 15. ②

04 2016년도 제1회

제1과목 : 일반기계공학

01 성크 키의 길이가 200mm, 키의 측면에 발생하는 전단력이 80kN이고, 키 폭은 높이의 1.5배라고 하면 키의 허용전단응력이 20MPa일 경우 키 높이는 약 몇 mm 이상으로 하면 되는가?

① 13.33　　② 18.05　　③ 25.42　　④ 30.06

해설

$$\sigma = \frac{P}{A} = \frac{P}{B \times h} = \frac{80\text{kN}}{(1.5h)\text{mm} \times 200\text{mm}} = \frac{80,000\text{N}}{(300h)\text{mm}^2} = 20\text{MPa}$$

$$h = \frac{80,000}{300 \times 20} \approx 13.33(\text{mm})$$

σ : 허용응력(MPa), P : 하중 또는 힘(N), A : 단면적(mm^2), B : 키 폭(mm), h : 키 높이(mm)

02 길이 300mm인 구리봉 양단을 고정하고 20℃에서 70℃로 가열하였을 때 열응력에 의해 발생되는 압축응력[N/mm^2]은?(단, 구리봉의 세로탄성계수는 9.2×10^3N/mm^2, 선팽창계수(α)는 1.6×10^{-5}/℃이다)

① 6.28　　② 7.36　　③ 8.39　　④ 10.2

해설

- $\sigma = E \times \epsilon$
  σ : 응력, E : 탄성계수, ϵ : 변형률
- $\epsilon = \alpha \times (T_2 - T_1)$
  α : 선팽창계수, $T_2 - T_1$: 온도변화(℃)

$\therefore \sigma = E \times \epsilon = E \times [\alpha \times (T_2 - T_1)] = 9.2 \times 10^3 \text{N/mm}^2 \times [1.6 \times 10^{-5}/℃ \times \{(70-20)℃\}] = 7.36\text{N/mm}^2$

 정답　01. ①　　02. ②

03 드럼의 지름이 400mm인 브레이크 드럼에 브레이크 블록을 누르는 힘 280N이 작용하고 있을 때 브레이크의 제동력은 몇 N인가?(단, 마찰계수는 0.15이다)

① 42
② 60
③ 8,400
④ 16,800

해설

$F_b = \mu W = 0.15 \times 280\text{N} = 42\text{N}$

F_b : 제동력(N), μ : 마찰계수, W : 브레이크 블록 누르는 힘(N)

04 유압펌프에서 송출량이 10L/min이고 0.5MPa로 압력이 작용할 경우 유압펌프의 동력은 약 몇 W인가?

① 45.06
② 66.67
③ 83.33
④ 102.42

해설

문제에 펌프효율(η)이 주어지지 않았으므로 $\eta = 1$로 가정하여 생략합니다.

$$B_{kW} = \left(\frac{1}{102 \times 100 \times \eta}\right) \times (10.1 \times P) \times \left(\frac{1,000}{60} \times Q\right)$$

$$= \left(\frac{1}{102 \times 100}\right) \times (10.1 \times 0.5\text{MPa}) \times \left[\frac{1,000}{60} \times (10\text{L/min})\right]$$

$$\approx \left(\frac{1}{102 \times 100}\right) \times 5.1 \frac{\text{kgf}}{\text{cm}^2} \times 166.66 \frac{\text{cm}^3}{\text{sec}}$$

$$\approx \frac{8.5 \text{kgf} \cdot \text{m/sec}}{102} \approx 0.08333\text{kW} = 83.33\text{W}$$

B_{kW} : 펌프 동력(kW), P : 펌프 송출압력(MPa), Q : 펌프 유량(L/min), 10.1 : 상수(1MPa≒10.1kgf/cm²), 1,000 : 상수(1L=1,000cm³), 1/102 : 상수(1kgf·m/sec=1/102kW), 1/100 : 상수(1kgf·cm/sec=1/100kgf·m/sec), 1/60 : 상수$\left(\frac{1}{1\text{min}} = \frac{1}{60\text{sec}}\right)$, η : 펌프효율

정답 03. ① 04. ③

05 매분 200회전하는 지름 300mm의 평 마찰차를 400N으로 밀어붙이면 약 몇 kW의 동력을 전달시킬 수 있는가?(단, 접촉부 마찰계수는 0.3이다)

① 0.268 ② 0.377 ③ 268 ④ 377

해설

$$B_{kW} = \left(\frac{0.001}{102 \times 9.8 \times 60}\right) \times F \times v \equiv \left(\frac{0.001}{102 \times 9.8 \times 60}\right) \times (\mu W) \times (2\pi r N)$$

$$= \frac{1}{102} \times \left(\mu \times \frac{W}{9.8}\right) \times \left(2\pi \times 0.001 \times r \times \frac{N}{60}\right)$$

$$= \frac{1}{102} \times \left(0.3 \times \frac{400N}{9.8}\right) \times \left[2 \times 3.14 \times \left\{0.001 \times \left(\frac{300mm}{2}\right)\right\} \times \frac{200\text{rpm}}{60}\right]$$

$$\approx \frac{38.4 \text{kgf} \cdot \text{m/sec}}{102} \approx 0.377 \text{kW}$$

B_{kW} : 전달 동력(kW), F : 총마찰력(N), μ : 마찰계수, W : 수직항력(N), v : 원주 속도(mm/min), r : 평 마찰차 반경(mm), N : 평 마찰차 회전수(rpm), 2π : 상수(1rev=360°=2π), 0.001 : 상수(1mm=0.001m), 1/102 : 상수(1kgf·m/sec=1/102kW), 1/9.8 : 상수(1N≒1/9.8kgf), 1/60 : 상수(1rps=1/60rpm)

제2과목 : 자동차 엔진

06 디젤기관에서 착화지연기간이 1/1000초, 착화 후 최고 압력에 도달할 때까지의 시간이 1/1000초일 때 2,000rpm으로 운전되는 기관의 착화 시기는?(단, 최고 폭발압력은 상사점 후 12°이다)

① 상사점 전 32° ② 상사점 전 36° ③ 상사점 전 12° ④ 상사점 전 24°

해설

① $I_t = \left(\frac{N}{60}\right) \times 360 \times t = 6Nt$

$I_t = 6Nt = 6 \times 2{,}000\text{rpm} \times \frac{1}{1{,}000} \sec = 12°$

I_t : 크랭크축 회전각도(°), N : 엔진 회전수(rpm), t : 착화지연기간(sec), 1/60 : 상수(1rps=1/60rpm), 360 : 상수(1rev=360°)

② 해당 엔진 회전수(2,000rpm)에서
  • 착화지연기간 1/1000초당 12° 소요
  • 착화 후 최고 압력에 도달할 때까지의 시간이 1/1000초이므로 12° 소요
  • 최고폭발압력은 ATDC 12°

③ 최고압력 도달시기=착화지연기간+착화시기+착화 후 최고압력 도달까지 소요되는 기간
  12°+x+12°=ATDC 12°
  x=(ATDC 12°)−(12°+12°)=BTDC 12°

정답 05. ② 06. ③

07 휘발유 사용 자동차의 차량중량이 1,224kg이고 총중량이 2,584kg인 경우 배출가스 정밀검사 부하검사방법인 정속모드(ASM2525)에서 도로 부하마력(PS)은?

① 10
② 15
③ 20
④ 25

해설

ASM2525 모드에서 도로 부하마력(PS)를 구합니다.

$$도로부하마력(PS) = \frac{관성중량(kg)}{136} = \frac{136 + 차량중량(kg)}{136}$$
$$= 1 + \frac{차량중량(kg)}{136} = 1 + \frac{1,224}{136} = 10(PS)$$

08 총배기량 1,400cc인 4행정 기관이 2,000rpm으로 회전하고 있다. 이때의 도시평균 유효압력이 10kgf/cm²이면 도시마력은 몇 PS인가?

① 약 31.1
② 약 42.1
③ 약 52.1
④ 약 62.1

해설

$$I_{PS} = \frac{imep \times \left(\frac{\pi d^2}{4} \times l \times n\right) \times N}{75 \times 100 \times 60 \times n_R} = \frac{10\text{kgf/cm}^2 \times 1,400\text{cm}^3 \times 2,000\text{rpm}}{75 \times 100 \times 60 \times 2}$$
$$\approx \frac{2,333\text{kgf} \cdot \text{m/sec}}{75} \approx 31.1\text{PS}$$

I_{PS} : 도시마력(PS), $imep$: 도시평균유효압력(kgf/cm²), d : 실린더 지름(cm), l : 실린더 행정(cm), n : 실린더 수, N : 엔진 회전수(rpm), N_R : 상수(4행정=2, 2행정=1),
1/75 : 상수(1kgf·m/sec=1/75PS), 1/60 : 상수(1rps=1/60rpm),
1/100 : 상수(1kgf·cm/sec=1/100kgf·m/sec)

정답 07. ① 08. ①

09 복합사이클의 이론열효율은 어느 경우에 디젤사이클의 이론열효율과 일치하는가?(단, $\epsilon=$ 압축비, $\rho=$압력비, $\sigma=$체절비(단절비), $\kappa=$비열비이다)

① $\rho=1$ ② $\rho=2$ ③ $\sigma=1$ ④ $\sigma=2$

해설

복합사이클(사바테 사이클) 열효율에서 $\rho=1$일 때 : 디젤사이클 열효율과 일치

$$\eta_s = 1-\left[\left(\frac{1}{\epsilon^{\kappa-1}}\right)\times\frac{\rho\sigma^\kappa-1}{(\rho-1)+\kappa\rho(\sigma-1)}\right] = 1-\left[\left(\frac{1}{\epsilon^{\kappa-1}}\right)\times\frac{1\cdot\sigma^\kappa-1}{(1-1)+\kappa\cdot 1(\sigma-1)}\right]$$

$$= 1-\left[\left(\frac{1}{\epsilon^{\kappa-1}}\right)\times\frac{\sigma^\kappa-1}{\kappa(\sigma-1)}\right]$$

η_s : 복합사이클 열효율

복합사이클(사바테 사이클) 열효율에서 $\sigma=1$일 때 : 오토사이클 열효율과 일치

$$\eta_s = 1-\left[\left(\frac{1}{\epsilon^{\kappa-1}}\right)\times\frac{\rho\sigma^\kappa-1}{(\rho-1)+\kappa\rho(\sigma-1)}\right] = 1-\left[\left(\frac{1}{\epsilon^{\kappa-1}}\right)\times\frac{\rho\cdot 1^\kappa-1}{(\rho-1)+\kappa\rho(1-1)}\right] = 1-\left(\frac{1}{\epsilon^{\kappa-1}}\right)$$

제3과목 : 자동차 섀시

10 단면적이 2cm²인 마스터 실린더 내의 피스톤로드가 40kgf의 힘으로 피스톤을 밀어낸다면, 단면적 4cm²인 휠 실린더의 피스톤은 몇 kgf으로 브레이크슈를 작동시키는가?

① 40kgf   ② 60kgf   ③ 80kgf   ④ 100kgf

해설

$$P_m = \frac{F_m}{A_m} = \frac{F_m}{\pi r^2} = \frac{40\text{kgf}}{2\text{cm}^2} = 20\text{kgf/cm}^2$$

P_m : 마스터 실린더 압력(kgf/cm²), F_m : 푸시로드 힘(kgf), A_m : 마스터 실린더 단면적(cm²), r : 마스터 실린더 반경(cm)

파스칼 원리에 의해 마스터 실린더 압력(P_m)=휠 실린더 압력(P_w)

$P_m = P_w \qquad \frac{F_m}{A_m} = \frac{F_w}{A_w}$

$20\text{kgf/cm}^2 = \frac{F_w}{4\text{cm}^2} \qquad \therefore F_w = 20\text{kgf/cm}^2 \times 4\text{cm}^2 = 80\text{kgf}$

P_m : 마스터 실린더 압력(kgf/cm²), F_m : 푸시로드 힘(kgf), A_m : 마스터 실린더 단면적(cm²)

정답 09. ①   10. ③

11 자동차의 앞바퀴 윤거가 1,500mm, 축간거리가 3,500mm, 킹핀과 바퀴접지면의 중심거리가 100mm인 자동차가 우회전할 때, 왼쪽 앞바퀴의 조향각도가 32°이고 오른쪽 앞바퀴의 조향각도가 40°라면 이 자동차의 선회 시 최소회전 반지름은?

① 약 6.7m
② 약 7.2m
③ 약 7.8m
④ 약 8.2m

해설

$$R = \frac{L}{\sin\alpha} + r = \frac{3,500mm}{\sin 32°} + 100mm \approx \frac{3.5m}{0.53} + 0.1m \approx 6.7m$$

R : 최소회전반경(m), L : 축간거리(m), α : 바깥쪽 앞바퀴의 조향각(°),
r : 바퀴 접지면 중심과 킹핀과의 거리(m)

12 소형 승용차가 제동 초속도 80km/h에서 제동을 하고자 할 때 공주시간이 0.1초일 경우 이동한 공주거리는 얼마인가?

① 약 1.22m
② 약 2.22m
③ 약 3.22m
④ 약 4.22m

해설

$$S = |\vec{v}| \times t$$
$$= 80km/h \times 0.1s = \frac{(80 \times 1,000)m}{3600s} \times 0.1s \approx 2.22m$$

S : 공주거리(m), $\vec{v}$: 제동 초속도(m/s), t : 공주시간(s)

정답 11. ① 12. ②

제4과목 : **자동차 전기**

13 디젤기관에 병렬로 연결된 예열플러그(0.2Ω)의 합성 저항은 얼마인가?(단, 기관은 4기통이고 전원은 12V이다)

① 0.05Ω
② 0.10Ω
③ 0.15Ω
④ 0.20Ω

해설

병렬회로의 합성저항을 구합니다.

$$\frac{1}{R_{tot}} = \frac{1}{R_1} + \frac{1}{R_2} \cdots + \frac{1}{R_n},$$

$$\frac{1}{R_{tot}} = \frac{1}{0.2} + \frac{1}{0.2} + \frac{1}{0.2} + \frac{1}{0.2} = \frac{4}{0.2} = 20\Omega,$$

$$R_{tot} = \frac{1}{20\Omega} = 0.05\Omega$$

R_{tot} : 합성저항(Ω), R_1, $R_2 \cdots$, R_n : 각각의 저항(Ω)

14 전압 24V, 출력전류 60A인 자동차용 발전기의 출력은?

① 0.36kW
② 0.72kW
③ 1.44kW
④ 1.88kW

해설

$P_E = v \times i = 24\text{V} \times 60\text{A} = 1,440\text{W} = 1.44\text{kW}$

P_E : 전력(W), v : 전압(V), i : 전류(A)

정답 13. ① 14. ③

2016년도 제2회

제1과목 : 일반기계공학

01 회전수 2,000rpm에서 최대 토크가 35N·m로 계측된 축의 전달 동력은 약 몇 kW인가?

① 7.3   ② 10.3   ③ 13.3   ④ 16.3

해설

$$B_{kW} = \left(\frac{2\pi}{102 \times 9.8 \times 60}\right) \times T \times N = \frac{1}{102} \times \frac{T}{9.8} \times \frac{2\pi N}{60}$$

$$= \frac{1}{102} \times \frac{35\text{N} \cdot \text{m}}{9.8} \times \frac{2 \times 3.14 \times 2,000\text{rpm}}{60}$$

$$\approx \frac{746\text{kgf} \cdot \text{m/sec}}{102} \approx 7.3\text{kW}$$

B_{kW} : 축의 전달동력(kW), 2π : 상수(1rev=360°=2π), T : 토크(N·m), N : 회전수(rpm), 1/102 : 상수(1kgf·m/sec=1/102kW), 1/60 : 상수(1rps=1/60rpm), 1/9.8 : 상수(1N·m≒1/9.8kgf·m)

02 둥근 축에 작용하는 굽힘모멘트가 3000N·mm이고, 축의 허용 굽힘응력이 10N/mm²일 때 축의 바깥지름은 약 몇 mm 이상이어야 하는가?

① 7.4mm   ② 13.2mm   ③ 14.5mm   ④ 55.3mm

해설

$$Z = \frac{M}{\sigma} = \frac{3,000\text{N} \cdot \text{mm}}{10\text{N/mm}^2} = 300\text{mm}^3$$

M : 굽힘 모멘트(N·mm), σ : 허용 굽힘 응력(N/mm²), Z : 단면계수(mm³)

문제에서 Z는 원형단면축의 단면계수이므로 $Z = \frac{\pi d^3}{32}$ [Z : 원형단면축 단면계수(mm³), d : 축의 외경(mm)]이므로, $Z = \frac{\pi d^3}{32} = 300\text{mm}^3$, $d = \sqrt[3]{\frac{Z \times 32}{\pi}} = \sqrt[3]{\frac{300\text{mm}^3 \times 32}{3.14}} \approx 14.5\text{mm}$

정답 01. ①   02. ③

제2과목 : 자동차 엔진

03 실린더의 지름이 110mm, 행정이 100mm일 때 압축비가 17 : 1이라면 연소실 체적은?

① 약 29cc   ② 약 59cc
③ 약 79cc   ④ 약 109cc

해설

① $V_d = \dfrac{\pi d^2}{4} \times L = \dfrac{3.14 \times (11\text{cm})^2}{4} \times 10\text{cm} = 949.85\text{cm}^3 = 949.85\text{cc}$

d : 실린더 내경(cm), L : 실린더(또는 피스톤) 행정(cm)

② $\epsilon = \dfrac{V_{cy}}{V_c} = \dfrac{V_c + V_d}{V_c} = 1 + \dfrac{V_d}{V_c}$,

$V_c = \dfrac{V_d}{\epsilon - 1} = \dfrac{949.85cc}{17-1} \approx 59\text{cc}$

ϵ : 압축비, V_{cy} : 실린더체적, V_c : 연소실체적, V_d : 행정체적

04 회전력이 20kgf·m이고, 실린더 내경이 72mm, 행정이 120mm인 6기통 기관의 SAE 마력은 얼마인가?

① 약 12.9PS   ② 약 129PS
③ 약 19.3PS   ④ 약 193PS

해설

실린더 내경이 mm 단위인 경우

$SAE = \dfrac{M^2 N}{1,613} = \dfrac{(72\text{mm})^2 \times 6}{1613} \approx 19.3(\text{PS})$

M : 실린더 내경(mm), N : 기통 수

실린더 내경이 inch 단위인 경우

$SAE = \dfrac{D^2 N}{2.5}$

SAE : SAE 마력(PS), D : 실린더 내경(inch), N : 기통 수

정답 03. ②   04. ③

05 4행정 사이클, 4실린더 기관을 65PS로 30분간 운전시켰더니 연료가 10l 소모되었다. 연료의 비중이 0.73, 저위발열량이 11,000kcal/kg이라고 하면 이 기관의 열효율은 몇 %인가?(단, 1마력당 1시간당의 일량은 632.5kcal이다)

① 약 23.6%
② 약 24.6%
③ 약 25.6%
④ 약 51.2%

해설

$$\eta_e = \frac{632.5 \times B_{PS}}{H_r \times G \times \gamma} \times 100 = \frac{632.5 \times 65}{11,000 \times \left(\frac{10l}{0.5h}\right) \times 0.73} \times 100 \approx 25.6\%$$

η_e : 열효율(%), 632.5 : 상수(1PS=632.5kcal/h), B_{PS} : 마력(PS),
H_r : 단위 중량당 연료 저위발열량(kcal/kg), G : 단위 시간당 연료소비량(kg/h), γ : 연료 비중

제3과목 : 자동차 섀시

06 조향핸들을 2바퀴 돌렸을 때 피트먼 암이 90° 움직였다. 조향 기어비는?

① 6 : 1
② 7 : 1
③ 8 : 1
④ 9 : 1

해설

$$조향기어비 = \frac{스티어링휠이\ 움직인\ 각도(°)}{피트먼암이\ 움직인\ 각도(°)} = \frac{360° \times 2회전}{90°} = \frac{720°}{90°} = 8$$

정답 05. ③ 06. ③

07 브레이크 푸시로드의 작용력이 62.8kgf이고 마스터 실린더의 내경이 2cm일 때 브레이크 디스크에 가해지는 힘은?(단, 휠 실린더의 면적은 3cm²이다)

① 약 40kgf
② 약 60kgf
③ 약 80kgf
④ 약 100kgf

해설

$$P_m = \frac{F_m}{A_m} = \frac{F_m}{\pi r^2} = \frac{62.8\text{kgf}}{3.14 \times \left(\frac{2\text{cm}}{2}\right)^2} = 20\text{kgf/cm}^2$$

P_m : 마스터 실린더 압력(kgf/cm²), F_m : 푸시로드 힘(kgf), A_m : 마스터 실린더 단면적(cm²), r : 마스터 실린더 반경(cm)

파스칼 원리에 의해 마스터 실린더 압력(P_m)=휠 실린더 압력(P_w)

$$P_m = P_w \quad \frac{F_m}{A_m} = \frac{F_w}{A_w}$$

$$20\text{kgf/cm}^2 = \frac{F_w}{3cm^2} \quad \therefore F_w = 20\frac{\text{kgf}}{\text{cm}^2} \times 3\text{cm}^2 = 60\text{kgf}$$

[P_w : 휠 실린더 압력(kgf/cm²), F_w : 휠 실린더 피스톤 힘(kgf), A_w : 휠 실린더 단면적(cm²)]

08 기관에서 발생한 토크와 회전수가 각각 80kgf·m, 1,000rpm, 클러치를 통과하여 변속기로 들어가는 토크와 회전수가 각각 60kgf·m, 900rpm일 경우 클러치의 전달효율은 약 얼마인가?

① 37.5%
② 47.5%
③ 57.5%
④ 67.5%

해설

$$\eta_c = (R_T \times R_S) \times 100 = \left(\frac{T_{out}}{T_{in}} \times \frac{N_{out}}{N_{in}}\right) \times 100 = \left(\frac{60}{80} \times \frac{900}{1,000}\right) \times 100 = 67.5\%$$

η_c : 클러치 전달효율(%), R_T : 토크비, R_S : 속도비, T_{in} : 엔진 토크(kgf·m), T_{out} : 클러치 출력 토크(kgf·m), N_{in} : 엔진 회전수(rpm), N_{out} : 변속기 입력축 회전수(rpm)

정답 07. ② 08. ④

제4과목 : 자동차 전기

09 완전 충전 상태인 100Ah 배터리를 20A의 전류로 얼마 동안 사용할 수 있는가?

① 50분
② 100분
③ 150분
④ 300분

해설

$$Ah = A \times h \qquad h = \frac{Ah}{A} = \frac{100Ah}{20A} = 5h = 300분$$

Ah : 배터리 용량 단위, A : 연속 방전 전류 단위, h : 방전 종지 전압까지 연속 방전 시간 단위

10 자기인덕턴스가 $0.7H$인 코일에 흐르는 전류가 0.01초 동안 4A의 전류로 변화하였다면, 이때 발생하는 기전력은?

① 240V
② 260V
③ 280V
④ 300V

해설

$$V_i = L \times \frac{di}{dt} = 0.7H \times \frac{4A}{0.01\text{sec}} = 280V$$

V_i : 유도기전력(V), L : 인덕턴스(H), di : 전류 변화(A), dt : 시간 변화(sec)

정답 09. ④   10. ③

11 차량에서 12V 배터리를 떼어 내고 절연체의 저항을 측정하였더니 1MΩ이었다면 누설전류는?

① 0.006mA
② 0.008mA
③ 0.010mA
④ 0.012mA

> **해설**
>
> $i = \dfrac{v}{R} = \dfrac{12V}{1M\Omega} = \dfrac{12V}{1,000,000\Omega} = 0.000012A = 0.012mA$
>
> v : 전압(V), R : 저항(Ω), i : 전류(A)

정답 11. ④

2016년도 제3회

제1과목 : 일반기계공학

01 허용 인장응력이 100N/mm²인 아이볼트에 축방향으로 1t의 화물을 들어 올리는 경우 이 볼트의 골지름은 최소 몇 mm 이상이어야 하는가?

① 9.8　　② 11.2　　③ 13.4　　④ 16.9

해설

$$\sigma = \frac{P}{A}$$

σ : 허용응력(N/mm²), P : 하중 또는 힘(N), A : 단면적(mm²)]

$$A = \frac{P}{\sigma} = \frac{1,000\text{kg} \times 9.8\text{m/s}^2}{100\text{N/mm}^2} = \frac{9,800\text{N}}{100\text{N/mm}^2} = 98\text{mm}^2$$

볼트 골지름$(d) = \sqrt{\frac{4 \times A}{\pi}} = \sqrt{\frac{4 \times 98\text{mm}^2}{3.14}} \approx 11.2\text{mm}$

r : 골 반지름(mm), d : 골 지름(mm)

02 2줄 나사의 피치가 0.5mm일 때 이 나사의 리드는?

① 1mm　　② 1.5mm　　③ 0.25mm　　④ 0.5mm

해설

$L = n \times p = 2 \times 0.5\text{mm} = 1\text{mm}$

L : 리드(mm), n : 줄 수, p : 피치(mm)

리드 : 나사가 1회전 할 때 축 방향으로 움직인 거리

정답　01. ②　02. ①

03 버니어캘리퍼스의 어미자의 1눈금이 1mm이고, 아들자의 눈금은 어미자의 19mm를 20등분하였을 때 읽을 수 있는 최소 눈금은?

① 0.02mm
② 0.20mm
③ 0.50mm
④ 0.05mm

해설

최소눈금＝어미자눈금－아들자눈금

$$1\text{mm} - \frac{19\text{mm}}{20} = \frac{20\text{mm}}{20} - \frac{19\text{mm}}{20} = \frac{1\text{mm}}{20} = 0.05\text{mm}$$

04 그림과 같이 균일분포하중을 받는 단순보에서 최대 굽힘 응력은?

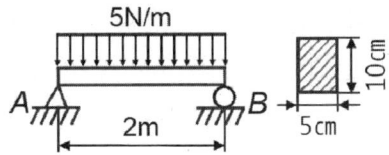

① 30kPa
② 40kPa
③ 60kPa
④ 80kPa

해설

$$\sigma = \frac{M}{Z} = \frac{\frac{Pl}{4}}{\frac{Bh^2}{6}} = \frac{\frac{5\text{N/m} \times 2\text{m}}{4}}{\frac{0.05\text{m} \times (0.1\text{m})^2}{6}} \approx \frac{2.5\text{N} \cdot \text{m}}{0.0000833\text{m}^3} \approx 30,012\text{N/m}^2 \approx 30\text{kPa}$$

σ : 최대 굽힘 응력, M : 단순보에서 균일(등)분포하중 작용 시 최대 굽힘 모멘트(N·m), Z : 사각형 단면계수(m^3), P : 분포하중(N/m), l : 보 길이(m), B : 사각형 폭(m), h : 사각형 높이(m)

정답 03. ④ 04. ①

제2과목 : 자동차 엔진

05 저위발열량이 44,800kJ/kg인 연료를 시간당 20kg을 소비하는 기관의 제동출력이 90kW 이면 제동열효율은 약 얼마인가?

① 28%
② 32%
③ 36%
④ 41%

해설

문제에서 연료 비중이 주어지지 않았으므로 $\gamma=1$로 가정하고 생략합니다.

$$\eta_e = \frac{3{,}600 \times B_{kW}}{H_r \times G \times \gamma} \times 100 = \frac{3{,}600 \times 90}{44{,}800 \times 20} \times 100 \approx 36\%$$

η_e : 제동 열효율(%), 3,600 : 상수(1kW=3,600kJ/h), B_{kW} : 제동출력(kW),
H_r : 단위 질량당 연료 저위발열량(kJ/kg), G : 단위 시간당 연료소비량(kg/h), γ : 연료 비중

06 총 배기량이 1,800cc인 4행정 기관의 도시평균유효압력이 16kg/cm², 회전수가 2,000rpm 일 때 도시마력(PS)은?(단, 실린더 수는 1개이다)

① 33
② 44
③ 54
④ 64

해설

$$I_{PS} = \frac{imep \times \left(\frac{\pi d^2}{4} \times l \times n\right) \times N}{75 \times 100 \times 60 \times n_R} = \frac{16\text{kg/cm}^2 \times 1{,}800\text{cm}^3 \times 2{,}000\text{rpm}}{75 \times 100 \times 60 \times 2}$$

$$= \frac{4{,}800\text{kgf} \cdot \text{m/sec}}{75} = 64\text{PS}$$

I_{PS} : 도시마력(PS), $imep$: 도시평균유효압력(kg/cm²), d : 실린더 지름(cm), l : 실린더 행정(cm), n : 실린더 수, N : 엔진 회전수(rpm), n_R : 상수(4행정=2, 2행정=1),
1/75 : 상수(1kg·m/sec=1/75PS), 1/60 : 상수(1rps=1/60rpm), 1/100 : 상수(1kg·cm/sec=1/100kg·m/sec)

정답 05. ③ 06. ④

07 행정 체적 215cm³, 실린더 체적 245cm³인 기관의 압축비는 약 얼마인가?

① 5.23 ② 6.82
③ 7.14 ④ 8.17

해설

$$\epsilon = \frac{V_{cy}}{V_c} = \frac{V_c + V_d}{V_c} = 1 + \frac{V_d}{V_c} = 1 + \frac{V_d}{V_{cy} - V_d} = 1 + \frac{215 \text{cm}^3}{(245-215)\text{cm}^3} \approx 8.17$$

ϵ : 압축비, V_{cy} : 실린더체적, V_c : 연소실체적, V_d : 행정체적

제3과목 : 자동차 섀시

08 평탄한 도로를 90km/h로 달리는 승용차의 총 주행저항은 약 얼마인가?(단, 총중량 1,145kgf, 투영면적 1.6m², 공기저항계수 0.03, 구름저항계수 0.015이다)

① 37.18kgf ② 47.18kgf
③ 57.18kg   ④ 67.18kgf

해설

① 공기저항

$$R_a = \mu a \times A \times V^2 = 0.03 \times 1.6\text{m}^2 \times (90\text{km/h})^2$$

$$= 0.03 \times 1.6\text{m}^2 \times \left[\frac{(90 \times 1,000)\text{m}}{(1 \times 3600)\text{s}}\right]^2 = 30(\text{kgf})$$

R_a : 공기저항(kgf), μa : 공기저항계수, A : 자동차 전면 투영 면적(m²),
V : 자동차의 공기에 대한 상대속도(m/s)

② 구름저항

$$R_r = \mu r \times W = 0.015 \times 1145\text{kgf} = 17.175\text{kgf}$$

R_r : 구름저항(kgf), μr : 구름저항계수, W : 차량 총중량(kgf)

③ 총 주행저항

$$R_{tot} = R_a + R_r = 30\text{kgf} + 17.175\text{kgf} \approx 47.18\text{kgf}$$

R_{tot} : 총 주행저항(kgf)

정답 07. ④ 08. ②

09 엔진 회전수가 2,000rpm으로 주행 중인 자동차에서 수동변속기의 감속비가 0.8이고 차동장치 구동피니언의 잇수가 6, 링기어의 잇수가 30일 때, 왼쪽바퀴가 600rpm으로 회전한다면 오른쪽 바퀴의 회전속도는?

① 400rpm
② 600rpm
③ 1,000rpm
④ 2,000rpm

해설

① 추진축 회전수
$$N_p = \frac{N_e}{R_T} = \frac{2,000\text{rpm}}{0.8} = 2,500\text{rpm}$$

N_p : 추진축 회전수(rpm), N_e : 엔진 회전수(rpm), R_T : 변속비

② 종감속비
$$R_F = \frac{G_r}{G_p} = \frac{30}{6} = 5$$

R_F : 종감속비, G_r : 링기어 잇수, G_p : 구동 피니언 잇수

③ 양쪽바퀴 회전수
$$N_{tot} = \left(\frac{N_p}{R_F}\right) \times 2 = \left(\frac{2500\text{rpm}}{5}\right) \times 2 = 1000\text{rpm}$$

N_{tot} : 양쪽 바퀴 회전수(rpm), $\frac{N_p}{R_F}$: 한쪽 바퀴 회전수(rpm), R_F : 종감속비

④ 오른쪽 바퀴 회전수
$$N_{tr} = N_{tot} - N_{tl} = 1000 - 600 = 400(\text{rpm})$$

N_{tr} : 오른쪽 바퀴 회전수(rpm), N_{tl} : 왼쪽 바퀴 회전수(rpm)

10 브레이크 드럼의 지름은 25cm, 마찰계수가 0.28인 상태에서 브레이크슈가 76kgf의 힘으로 브레이크 드럼을 밀착하면 브레이크 토크는 약 얼마인가?

① 1.24kgf·m
② 2.17kgf·m
③ 2.66kgf·m
④ 8.22kgf·m

해설

$$T = \mu F R = 0.28 \times 76\text{kgf} \times \frac{0.25\text{m}}{2} = 2.66\text{kgf} \cdot \text{m}$$

T : 브레이크 토크(kgf·m), μ : 마찰계수, F : 브레이크슈 힘(kgf), R : 브레이크 드럼 반경(m)

정답 09. ① 10. ③

제4과목 : 자동차 전기

11 2개의 코일 간의 상호 인덕턴스가 0.8H일 때 한쪽 코일의 전류가 0.01초간에 4A에서 1A로 동일하게 변화하면 다른 쪽 코일에는 얼마의 기전력이 유도되는가?

① 100V
② 240V
③ 300V
④ 320V

해설

$$V_i = L \times \frac{di}{dt} = 0.8\text{H} \times \frac{4A - 1A}{0.01\text{sec}} = 240\text{V}$$

V_i : 유도기전력(V), L : 인덕턴스(H), di : 전류 변화(A), dt : 시간 변화(sec)

12 12V 50AH 배터리에서 100A의 전류로 방전하여 비중 1.220으로 저하될 때까지의 소요 시간은?

① 5분
② 10분
③ 20분
④ 30분

해설

$Ah = A \times h$

$$h = \frac{Ah}{A} = \frac{50\text{Ah}}{100\text{A}} = 0.5\text{h} = 30분$$

Ah : 배터리 용량 단위, A : 연속 방전 전류 단위, h : 방전 종지 전압까지 연속 방전 시간 단위

정답 11. ② 12. ④

13 15,000cd의 광원으로부터 10m 떨어진 위치에서 조도(Lx)는?

① 150
② 500
③ 1,000
④ 1,500

해설

$$조도(lx) = \frac{광속(lm)}{거리의 제곱(m^2)} \approx \frac{광도(cd)}{거리의 제곱(m^2)} = \frac{15,000cd}{(10m)^2} = \frac{15,000cd}{100m^2} = 150lx$$

- 조도(lx) : 어떤 면이 받는 빛의 세기
- 광도(cd) : 광원의 밝기
- 광속(lm) : 어떤 면을 통과하는 빛의 양

정답 13. ①

05 2017년도 제1회

제1과목 : 일반기계공학

01 하중 30kN을 지지하는 훅 볼트의 미터나사 크기로 적절한 것은?(단, 나사재질의 허용응력은 60MPa이고, 나사의 골지름은 'd_1=0.8×바깥지름'이다)

① M20　　② M24　　③ M28　　④ M32

해설

① 나사의 바깥지름(호칭지름)

$$d = \sqrt{\frac{2P}{\sigma}} = \sqrt{\frac{2 \times 30\text{kN}}{60\text{MPa}}} = \sqrt{\frac{2 \times 30000\text{N}}{60\text{N/mm}^2}} \approx 31.6\text{mm}$$

d : 바깥지름(mm), P : 하중(N), σ : 허용응력(N/mm²)

② 훅 볼트의 바깥지름이 31.6mm보다 큰 바깥지름(호칭지름)이 32mm인 M32가 가장 적당합니다.

미터나사의 규격 표시 (예) M5×0.9)
- M : 미터나사
- 0.9 : 나사 피치(mm)
- 5 : 나사 바깥지름=호칭지름(mm)

02 그림과 같은 외팔보에 2kN의 집중하중이 작용할 때, 지지점 A에서의 굽힘응력은 약 몇 MPa인가?(단, 길이 50cm, 8.5cm×8.5cm)

① 2.44　　② 4.88
③ 9.77　　④ 19.54

해설

$$\sigma = \frac{M}{Z} = \frac{Pl}{\frac{Bh^2}{6}} = \frac{2\text{kN/m} \times 0.5\text{m}}{\frac{0.085\text{m} \times (0.085\text{m})^2}{6}} = \frac{2{,}000\text{N/m} \times 0.5\text{m}}{\frac{0.085\text{m} \times (0.085\text{m})^2}{6}}$$

$$\approx \frac{1{,}000\text{N} \cdot \text{m}}{0.0001023541\text{m}^3} \approx 9{,}770{,}004\text{N/m}^2 \approx 9.77\text{MPa}$$

σ : 최대 굽힘 응력, M : 외팔보에서 중앙 집중하중 작용 시 최대 굽힘 모멘트(N·m),
Z : 사각형 단면계수(m³), P : 분포하중(N/m), l : 보 길이(m), B : 사각형 폭(m), h : 사각형 높이(m)

정답　01. ④　02. ③

03 선반작업에서 공작물의 지름 D(mm), 1분간의 회전수 N(r/min)일 때, 절삭속도 V(m/min)는?

① $V = \pi DN$

② $V = \dfrac{\pi DN}{1,000}$

③ $V = \dfrac{\pi D}{1,000 N}$

④ $V = \dfrac{\pi N}{1,000 D}$

해설

$$N\text{rpm} = \dfrac{N\text{rev}}{1\text{min}} = \dfrac{(2\pi r \times N)\text{mm}}{1\text{min}} = \dfrac{\left(2\pi \times \dfrac{D}{2} \times N\right)\text{mm}}{1\text{min}}$$

$$= \dfrac{(\pi DN)\text{mm}}{1\text{min}} = \dfrac{\left(\dfrac{\pi DN}{1,000}\right)\text{m}}{1\text{min}} = \left(\dfrac{\pi DN}{1,000}\right)\text{m/min}$$

2π : 상수(1rev=360°=2π), r : 반지름(mm), D : 지름(mm), N : 회전수(rpm)

04 원심펌프에서 송출압력 0.2N/mm², 흡입진공압력 0.05N/mm², 압력계와 진공계 사이의 높이차 600mm일 때, 펌프의 전양정(m)은?(단, 흡입관과 송출관의 지름은 같다)

① 16.5

② 26.1

③ 30.6

④ 36.3

해설

- 물기둥 10m의 압력은 1kgf/cm²이므로, 1N/mm²≒10.2kgf/cm²입니다.
- 따라서 0.2N/mm²×10.2=2.04kgf/cm²이므로 20.4m, 0.05N/mm²×10.2=0.51kgf/cm²이므로 5.1m입니다. 즉, 압력계와 진공계 사이의 높이차는 600mm이므로 0.6m입니다.

  ∴ 펌프의 전양정은 20.4m+5.1m+0.6m=26.1m

정답 03. ② 04. ②

05 그림의 단식블록 브레이크에서 브레이크에 가해지는 힘(F)은?(단, W는 브레이크 드럼과 브레이크 블록 사이에 작용하는 힘, μ는 마찰계수, f는 마찰력이다)

① $F = \dfrac{\mu W l_2}{l_1}$

② $F = \dfrac{W l_1}{l_2}$

③ $F = \dfrac{W l_2}{l_1}$

④ $F = \dfrac{\mu W l_1}{l_2}$

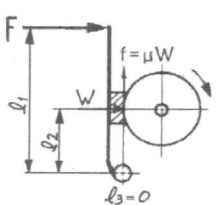

해설

$F l_1 = W l_2 \qquad F = \dfrac{W l_2}{l_1}$

제2과목 : 자동차 엔진

06 총 배기량이 160cc인 4행정 기관에서 회전수 1,800rpm, 도시평균유효압력이 87kgf·m 일 때 축마력이 22PS인 기관의 기계효율은 약 몇 %인가?

① 75　　　② 79　　　③ 84　　　④ 89

해설

$$I_{PS} = \dfrac{imep \times \left(\dfrac{\pi d^2}{4} \times l \times n\right) \times N}{75 \times 100 \times 60 \times n_R} = \dfrac{87 \text{kgf/cm}^2 \times 160\text{cc} \times 1,800\text{rpm}}{75 \times 100 \times 60 \times 2}$$

$$= \dfrac{87 \dfrac{\text{kgf}}{\text{cm}^2} \times 160\text{cm}^3 \times 1,800\text{rpm}}{75 \times 100 \times 60 \times 2} = \dfrac{2,088 \text{kgf} \cdot \text{m/sec}}{75} \approx 28\text{PS}$$

I_{PS} : 도시마력(PS), $imep$: 도시평균유효압력(kgf/cm²), d : 실린더 지름(cm), l : 실린더 행정(cm), n : 실린더 수, N : 엔진 회전수(rpm), n_R : 상수(4행정=2, 2행정=1), 1/75 : 상수(1kgf·m/sec=1/75PS), 1/60 : 상수(1rps=1/60rpm), 1/100 : 상수(1kgf·cm/sec=1/100kgf·m/sec)

제동마력(축마력)=도시마력×기계효율이므로,
기계효율(%)=(축마력÷도시마력)×100
　　　　　=(22PS÷28PS)×100≈79%

정답 05. ③　06. ②

07 디젤엔진의 연료분사량을 측정하였더니 최대 분사량이 25cc이고, 최소 분사량이 23cc, 평균 분사량이 24cc이다. 분사량의 (+)불균율은?

① 약 2.1%
② 약 4.2%
③ 약 8.3%
④ 약 8.7%

해설

- 최소분사량 = 각 노즐 분사량 중 가장 적은 분사량
- 평균분사량 = $\dfrac{\text{각 실린더 분사량의 합}}{\text{실린더 수}}$
- 최대분사량 = 각 노즐 분사량 중 가장 많은 분사량
- $(+)\text{불균율}(\%) = \dfrac{\text{최대분사량} - \text{평균분사량}}{\text{평균분사량}} \times 100$
- $(-)\text{불균율}(\%) = \dfrac{\text{평균분사량} - \text{최소분사량}}{\text{평균분사량}} \times 100$

$(+)\text{불균율}(\%) = \dfrac{\text{최대분사량} - \text{평균분사량}}{\text{평균분사량}} \times 100 = \dfrac{25cc - 24cc}{24cc} \times 100 \approx 4.2\%$

08 점화순서가 1-3-4-2인 기관에서 2번 실린더가 배기행정이면 1번 실린더의 행정으로 옳은 것은?

① 흡입
② 압축
③ 폭발
④ 배기

해설

① 4기통 엔진의 점화순서 문제가 나오면 우선 문제에서 제시한 점화순서를 적습니다. 문제에서는 1-3-4-2입니다.
② 문제에 보면 몇 번 실린더가 무슨 행정이라고 적혀있습니다. 그럼 조금 전에 적었던 1-3-4-2 숫자 밑에 문제에 적혀있는 몇 번 실린더가 무슨 행정을 했는지 적습니다.
③ 그 다음 점화순서의 반대 방향으로 다음 행정을 적습니다. 다음의 표를 참고하세요.

1	←	3	←	4	←	2
폭발		압축		흡입		배기

정답 07. ② 08. ③

09 실린더 안지름이 80mm, 행정이 78mm인 기관의 회전속도가 2,500rpm일 때 4사이클 4실린더 엔진의 SAE마력은 약 몇 PS인가?

① 9.7
② 10.2
③ 14.1
④ 15.9

해설

실린더 내경이 mm 단위인 경우
$SAE = \dfrac{M^2 N}{1,613} = \dfrac{(80\text{mm})^2 \times 4}{1,613} \approx 15.9(\text{PS})$
M : 실린더 내경(mm), N : 기통 수

실린더 내경이 inch 단위인 경우
$SAE = \dfrac{D^2 N}{2.5}$
SAE : SAE 마력(PS), D : 실린더 내경(inch), N : 기통 수

제3과목 : 자동차 섀시

10 적재 차량의 앞축중이 1,500kg, 차량 총중량이 3,200kg, 타이어 허용하중이 850kg인 앞 타이어의 부하율은 약 몇 %인가?(단, 앞 타이어 2개, 뒷 타이어 2개, 접지폭 13cm)

① 78
② 81
③ 88
④ 91

해설

$R_l = \left(\dfrac{W_x}{W_t \times n}\right) \times 100 = \left(\dfrac{1,500\text{kg}}{850\text{kg} \times 2}\right) \times 100 \approx 88\%$

R_l : 타이어 부하율(%), W_x : 해당 축중(kg), W_t : 해당 축의 타이어 허용하중(kg), n : 해당 축의 타이어수

정답 09. ④ 10. ③

11 내경이 40mm인 마스터 실린더에 20N의 힘이 작용했을 때 내경이 60mm인 휠 실린더에 가해지는 제동력은 약 몇 N인가?

① 30
② 45
③ 60
④ 75

해설

$$P_m = \frac{F_m}{A_m} = \frac{F_m}{\pi r^2} = \frac{20N}{3.14 \times \left(\frac{40mm}{2}\right)^2} = \frac{20N}{3.14 \times \left(\frac{4cm}{2}\right)^2} \approx 1.6 N/cm^2$$

P_m : 마스터 실린더 압력(N/cm²), F_m : 푸시로드 힘(N), A_m : 마스터 실린더 단면적(cm²), r : 마스터 실린더 반경(cm)

파스칼 원리에 의해 마스터 실린더 압력(P_m)=휠 실린더 압력(P_w)
$P_m = P_w$

$$1.6 N/cm^2 = P_w = \frac{F_w}{\pi r^2} = \frac{F_w}{3.14 \times \left(\frac{60mm}{2}\right)^2} = \frac{F_w}{3.14 \times \left(\frac{6cm}{2}\right)^2} \approx \frac{F_w}{28cm^2}$$

$$\therefore F_w = 1.6 N/cm^2 \times 28cm^2 = 1.6 \frac{N}{cm^2} \times 28cm^2 \approx 45N$$

P_w : 휠 실린더 압력(N/cm²), F_w : 푸시로드 힘(N), A_w : 휠 실린더 단면적(cm²), r : 휠 실린더 반경(cm)

12 토크컨버터의 펌프 회전수가 2,800rpm이고, 속도비가 0.6, 토크비가 4일 때의 효율은?

① 0.24
② 2.4
③ 0.34
④ 3.4

해설

$$\eta_t = \frac{T_{out}}{T_{in}} \times \frac{N_{out}}{N_{in}} = R_T \times R_S = 4 \times 0.6 = 2.4$$

η_t : 토크 효율, T_{in} : 입력 토크, T_{out} : 출력 토크, N_{in} : 입력 회전수, N_{out} : 출력 회전수, R_T : 토크비, R_S : 속도비

정답 11. ② 12. ②

제4과목 : 자동차 전기

13 다음 회로에서 전류(A)와 소비전력(W)은?

① $I=0.58A$, $P=5.8W$
② $I=5.8A$, $P=58W$
③ $I=7A$, $P=84W$
④ $I=70A$, $P=840W$

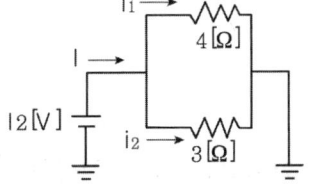

해설

① 전체 회로의 합성저항(병렬회로의 합성저항)

$$\frac{1}{R_{tot}} = \frac{1}{R_1} + \frac{1}{R_2} \cdots + \frac{1}{R_n},$$

$$\frac{1}{R_{tot}} = \frac{1}{4} + \frac{1}{3} = \frac{3}{12} + \frac{4}{12} = \frac{7}{12}\Omega,$$

$$R_{tot} = \frac{12}{7}\Omega$$

R_{tot} : 합성저항(Ω), R_1, R_2... R_n : 각각의 저항(Ω)

② 전체 회로에 흐르는 전류

$$i = \frac{v}{R} = \frac{12V}{\frac{12}{7}\Omega} = 7A$$

v : 전압(V), R : 저항(Ω), i : 전류(A)

③ 전체 회로의 소비전력

$$P_E = v \times i = 12V \times 7A = 84W$$

P_E : 전력(W), v : 전압(V), i : 전류(A)

14 12V 60AH 배터리가 방전되어 정전류 충전법으로 보충전하려고 할 때, 표준충전 전류 값은?(단, 배터리는 20시간율 용량이다)

① 3A ② 6A ③ 9A ④ 12A

해설

60AH×10% ∴ 60×0.1=6(A)

정전류 충전
- 표준 충전 전류(A) : 배터리 용량의 10%
- 급속 충전 전류(A) : 배터리 용량의 50%

정답 13. ③ 14. ②

2017년도 제2회

제1과목 : 일반기계공학

01 2,500rpm으로 회전하면서 25kW를 전달하는 전동축의 비틀림 모멘트는 약 몇 N·m인가?

① 7.5   ② 9.6   ③ 70.2   ④ 95.5

해설

$$B_{kW} = \left(\frac{2\pi}{102 \times 60}\right) \times T \times N$$

$$T = \frac{B_{kW}}{\frac{2\pi}{102 \times 60}} = \frac{B_{kW} \times 102 \times 60}{2\pi \times N} = \frac{25 \times 102 \times 60}{2 \times 3.14 \times 2,500} \approx 9.74 \text{kgf} \cdot \text{m} \approx (9.8 \times 9.74) \text{N} \cdot \text{m} \approx 95.5 \text{N} \cdot \text{m}$$

B_{kW} : 축출력(kW), 2π : 상수(1rev=360°=2π), T : 토크(kgf·m), N : 엔진 회전수(rpm), 1/102 : 상수(1kgf·m/sec=1/102kW), 1/60 : 상수(1rps=1/60rpm), 9.8 : 상수(1kgf≒9.8N)

02 브레이크 드럼에 500N·m의 토크가 작용하고 있을 때 축을 정지시키는 데 필요한 접선방향 제동력은 몇 N인가?(단, 브레이크 드럼의 지름은 500mm이다)

① 3,000   ② 2,500   ③ 2,000   ④ 1,500

해설

문제에서 마찰계수(μ)가 주어지지 않았으므로 μ=1로 가정하여 생략합니다.

$$F_b = \frac{T}{\mu R} = \frac{500 \text{N} \cdot \text{m}}{\frac{500 \text{mm}}{2}} = \frac{500 \text{N} \cdot \text{m}}{\frac{0.5 \text{m}}{2}} = 2000 \text{N}$$

F_b : 제동력(N), T : 브레이크 드럼에 작용하는 토크(N·m), μ : 마찰계수, R : 브레이크 드럼의 반경(m)

정답 01. ④   02. ③

03 펌프의 송출압력이 90N/cm², 송출량이 60L/min인 유압펌프의 펌프동력은 약 몇 W인가?

① 700　　　　　　　　　　② 800
③ 900　　　　　　　　　　④ 1,000

해설

문제에서 펌프효율(η)이 주어지지 않았으므로 $\eta=1$로 가정하여 생략합니다.

$$B_{kW} = \left(\frac{1}{102 \times 100 \times \eta}\right) \times P \times Q$$

$$= \left(\frac{1}{102 \times 100}\right) \times 90\text{N/cm}^2 \times 60\text{L/min}$$

$$= \left(\frac{1}{102 \times 100}\right) \times (10.1 \times 0.9\text{MPa}) \times \left(\frac{1,000}{60} \times 60\text{L/min}\right)$$

$$= \left(\frac{1}{102 \times 100}\right) \times 9.09 \frac{\text{kgf}}{\text{cm}^2} \times 1,000 \frac{\text{cm}^3}{\text{sec}} = \frac{90.9 \text{kgf} \cdot \text{m/sec}}{102} \approx 0.9\text{kW} = 900\text{W}$$

B_{kW} : 펌프 동력(kW), P : 펌프 송출압력(N/cm²), Q : 펌프 유량(L/min),
10.1 : 상수(1MPa≒10.1kgf/cm²), 1,000 : 상수(1L=1,000cm³), 1/102 : 상수(1kgf·m/sec=1/102kW),
1/100 : 상수(1kgf·cm/sec=1/100kgf·m/sec), 1/60 : 상수$\left(\frac{1}{1\text{min}} = \frac{1}{60\text{sec}}\right)$, η : 펌프효율

04 50kN의 물체를 4개의 아이볼트로 들어 올릴 때 볼트의 최소 골지름은 약 몇 mm인가? (단, 볼트 재료의 허용인장응력은 62MPa이다)

① 10.02　　　　　　　　　② 12.02
③ 14.02　　　　　　　　　④ 16.02

해설

① 문제에서 50kN의 물체를 4개의 아이볼트로 들어 올린다고 했으므로, 아이볼트 1개에 작용하는 하중은 50kN÷4=12.5kN입니다.

$$\sigma = \frac{P}{A} \quad \therefore \quad A = \frac{P}{\sigma} = \frac{12.5\text{kN}}{62\text{MPa}} = \frac{12,500\text{N}}{62\text{N/mm}^2} \approx 201.6\text{mm}^2$$

σ : 허용응력(N/mm²), P : 하중 또는 힘(N), A : 단면적(mm²)

② 볼트 골 지름(d)을 구합니다.

$$d = \sqrt{\frac{4 \times A}{\pi}} = \sqrt{\frac{4 \times 201.6\text{mm}^2}{3.14}} \approx 16.02\text{mm}$$

d : 골 지름(mm)

정답 03. ③　04. ④

05 유압펌프의 용적효율이 70%, 압력효율이 80%, 기계효율이 90%일 때 전체 효율은 약 몇 %인가?

① 50
② 60
③ 70
④ 80

해설

$\eta_{tot} = (\eta_v \times \eta_p \times \eta_m) \times 100 = (0.7 \times 0.8 \times 0.9) \times 100 \approx 50\%$

η_{tot} : 전체효율(%), η_v : 용적(체적)효율, η_p : 압력효율, η_m : 기계효율

06 40°C에서 연강봉 양쪽 끝을 고정한 후 연강봉의 온도가 0°C가 되었을 때 연강봉에 발생하는 열응력은 약 몇 N/cm²인가?(단, 연강봉의 선팽창계수는 $a = 11.3 \times 10^{-6}$/°C, 탄성계수는 $E = 2.1 \times 10^6$ N/cm²이다)

① 215
② 252
③ 804
④ 949

해설

① $\sigma = E \times \epsilon$

σ : 응력, E : 탄성계수, ϵ : 변형률

② $\epsilon = \alpha \times (T_2 - T_1)$

α : 선팽창계수, $T_2 - T_1$: 온도변화(°C)

∴ $\sigma = E \times \epsilon = E \times [\alpha \times (T_2 - T_1)]$
$= 2.1 \times 10^6 \text{N/cm}^2 \times [11.3 \times 10^{-6}/\text{°C} \times \{(40-0)\text{°C}\}] \approx 949 \text{N/cm}^2$

정답 05. ① 06. ④

제2과목 : 자동차 엔진

07 가솔린 연료 200cc를 완전 연소시키기 위한 공기량은 약 몇 kg인가?(단, 공기와 연료의 혼합비는 15 : 1, 가솔린의 비중은 0.73이다)

① 2.19
② 5.19
③ 8.19
④ 11.19

해설

① 4℃ 상태 물의 비중량은 표준물질로서 $1kgf/l$이므로, 연료의 비중량은 $0.73 \times 1kgf/l = 0.73kgf/l$, 즉 $0.73kgf/l$입니다.

② 연료의 체적이 200cc로 주어졌습니다.
- $1cc = 0.001l$이고, $200cc = 0.2l$이므로 연료의 체적은 $0.2l$
- $\left(0.73\dfrac{kgf}{l}\right) \times 0.2l = 0.146kgf$이므로 연료의 무게는 $0.146kgf$

③ 혼합비가 15로 주어졌습니다.
혼합비는 공기무게(질량) : 연료무게(질량), 즉 공기무게 : 연료무게 = 15 : 1
$15 : 1 = x : 0.146kgf \quad x = 2.19kgf$
즉, 공기무게는 $2.19kgf$, 연료무게는 $0.146kgf$입니다.

08 연료소비율이 200g/PS·h인 가솔린엔진의 제동 열효율은 약 몇 %인가?(단, 가솔린의 저위발열량은 10,200Kcal/kg이다)

① 11
② 21
③ 31
④ 41

해설

문제에서 연료의 비중(γ)이 주어지지 않았으므로 $\gamma = 1$로서 가정하여 생략합니다.

$$\eta_e = \frac{632.5}{H_r \times B_e \times \gamma} \times 100 = \frac{632.5}{10,200 \times 200g/PS \cdot h} \times 100 = \frac{632.5}{10,200 \times 0.2kg/PS \cdot h} \times 100 \approx 31\%$$

η_e : 열효율(%), 632.5 : 상수(1PS=632.5kcal/h), B_{PS} : 마력(PS),
H_r : 단위 중량당 연료 저위발열량(kcal/kg), B_e : 연료소비율(kg/PS·h), γ : 연료 비중

정답 07. ① 08. ③

09 실린더 안지름이 80mm, 행정이 78mm인 4사이클 4실린더 엔진의 회전수가 2,500rpm일 때 SAE마력은 약 몇 PS인가?

① 15.9
② 20.9
③ 25.9
④ 30.9

해설

실린더 내경이 mm 단위인 경우

$$SAE = \frac{M^2 N}{1,613} = \frac{(80\text{mm})^2 \times 4}{1,613} \approx 15.9(\text{PS})$$

M : 실린더 내경(mm), N : 기통 수

실린더 내경이 inch 단위인 경우

$$SAE = \frac{D^2 N}{2.5}$$

SAE : SAE 마력(PS), D : 실린더 내경(inch), N : 기통 수

제3과목 : 자동차 섀시

10 구동력이 108kgf인 자동차가 100km/h로 주행하기 위한 엔진의 소요마력은 몇 PS인가?

① 20
② 40
③ 80
④ 100

해설

$$B_{PS} = \left(\frac{1}{75}\right) \times F \times v = \left(\frac{1}{75}\right) \times 108\text{kgf} \times 100\text{km/h} = \left(\frac{1}{75}\right) \times 108\text{kgf} \times \frac{(100 \times 1,000)\text{m}}{(1 \times 3,600)\text{sec}}$$

$$\approx \frac{3,024\text{kgf} \cdot \text{m/sec}}{75} \approx 40\text{PS}$$

B_{PS} : 소요마력(PS), F : 구동력(kgf), v : 속도(m/sec), 1/75 : 상수(1kgf·m/sec=1/75PS)

정답 09. ①　10. ②

11 자동차의 축거가 2.6m, 전륜 바깥쪽 바퀴의 조향각이 30°, 킹핀과 타이어 중심거리가 30cm일 때 최소회전반경은 약 몇 m인가?

① 4.5
② 5.0
③ 5.5
④ 6.0

해설

$$R = \frac{L}{\sin\alpha} + r = \frac{2.6m}{\sin 30°} + 30cm \approx \frac{2.6m}{0.5} + 0.3m = 5.5m$$

R : 최소회전반경(m), L : 축간거리(m), α : 바깥쪽 앞바퀴의 조향각(°),
r : 바퀴 접지면 중심과 킹핀과의 거리(m)

12 변속비 2, 종감속장치의 피니언 잇수 12개, 링기어 잇수 36개일 때 구동차축에 전달되는 토크는?(단, 1,500rpm에서 기관의 토크가 20kgf·m이다)

① 40kgf·m
② 60kgf·m
③ 120kgf·m
④ 240kgf·m

해설

문제에 동력전달효율(η)이 주어지지 않았으므로 $\eta = 1$로 가정하여 생략합니다.

$$T_w = T_e \times R_{tot} \times \eta = T_e \times (R_T \times R_F) \times \eta = T_e \times \left[R_T \times \left(\frac{G_r}{G_p}\right)\right] \times \eta$$

$$= 20kgf \cdot m \times \left[2 \times \left(\frac{36}{12}\right)\right] = 120kgf \cdot m$$

T_w : 바퀴 토크(kgf·m), T_e : 엔진 토크(kgf·m), R_{tot} : 최종감속비, η : 동력전달효율, R_T : 변속비, R_F : 종감속비, G_r : 링기어 잇수, G_p : 구동 피니언 잇수

정답 11. ③ 12. ③

제4과목 : 자동차 전기

13 14V 배터리에 연결된 전구의 소비 전력이 60W이다. 배터리의 전압이 떨어져 12V가 되었을 때 전구의 실제 전력은 약 몇 W인가?

① 3.2
② 25.5
③ 39.2
④ 44.1

해설

① 전구의 저항
- $P_E = v \times i$ $60W = 14V \times xA$
- $\therefore x \approx 4.28A$

P_E : 전력(W), v : 전압(V), i : 전류(A)

- $R = \dfrac{v}{i} = \dfrac{14V}{4.28A} \approx 3.27\Omega$

v : 전압(V), R : 저항(Ω), i : 전류(A)]

② 전구의 저항은 약 3.27Ω입니다. 전구의 저항은 고정저항으로서 전압·전류가 바뀌어도 변하지 않기 때문에 배터리 전압이 14V에서 12V로 떨어져도 변하지 않습니다.

③ 전구(약 3.27Ω)에 12V 전압이 가해졌을 때 전류를 구하고, 이때의 전력을 구합니다.
- $i = \dfrac{v}{R} = \dfrac{12V}{3.27\Omega} \approx 3.67A$
- $P_E = v \times i = 12V \times 3.67A \approx 44.1W$

14 12V 전압을 인가하여 0.00003C의 전기량이 충전되었다면 콘덴서의 정전 용량은?

① 2.0μF
② 2.5μF
③ 3.0μF
④ 3.5μF

해설

$C = \dfrac{Q}{V} = \dfrac{0.00003C}{12V} = 0.0000025F = 2.5\mu F$

C : 전기용량(F), Q : 전하량(C), V : 전압(V)

정답 13. ④   14. ②

2017년도 제3회

제1과목 : 일반기계공학

01 측정된 버니어 캘리퍼스의 측정값은 몇 mm인가?(단, 아들자의 최소눈금은 1/50mm이다)

① 5.01
② 5.05
③ 5.10
④ 5.15

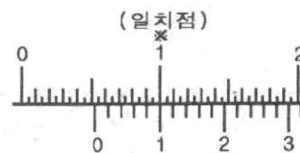

해설

5mm+0.10mm=5.10mm

> **버니어캘리퍼스 읽는 법**
> • 아들자 눈금의 "0"이 어미자 눈금에서 어느 위치에 있는지 확인
> • 아들자 눈금의 "0"이 어미자 눈금의 5와 5.5사이에 있으므로 작은 값인 5로 읽음
> • 그리고 아들자 눈금이 어미자 눈금과 정확히 일치하는 곳을 확인
> • 아들자 눈금의 1이 어미자 눈금과 정확히 일치하므로 0.10으로 읽음

02 3줄 나사에서 피치가 1.5mm라면, 2회전 시킬 때의 이동량은 몇 mm인가?

① 3
② 6
③ 9
④ 12

해설

$l = n \times p = 3 \times 1.5\text{mm} = 4.5\text{mm}$

l : 리드(mm), n : 줄 수, p : 피치(mm)

∴ 2회전 시킬 때의 이동량(mm) = 4.5mm × 2 = 9mm

리드 : 나사가 1회전 할 때 축 방향으로 움직인 거리

정답 01. ③ 02. ③

03 감속비가 $Z_1 : Z_2 = 1 : 4$, 모듈(M)이 4, 피니언 잇수(Z_1)가 40개인 스퍼기어의 중심거리는 몇 mm인가?

① 200

② 300

③ 400

④ 500

해설

① 감속비가 $Z_1 : Z_2 = 1 : 4$이고, Z_1 기어 잇수가 40개이므로

$40 : Z_2 = 1 : 4$ ∴ $Z_2 = 160$

② 중심거리를 구합니다.

$$a = \frac{d_1 + d_2}{2} = \frac{M \times (Z_1 + Z_2)}{2} = \frac{4 \times (40 + 160)}{2} = 400$$

A : 중심거리(mm), M : 모듈, d_1 : 작은 기어 피치원 지름, d_2 : 큰 기어 피치원 지름, Z_1 : 작은 기어 잇수, Z_2 : 큰 기어 잇수

04 축 길이 150mm, 직경 5mm의 축이 850N·mm의 토크를 받을 때 축에서 발생되는 비틀림 각은 몇 °인가?(단, 축 재료의 횡탄성계수는 8.3×10^5N/mm²이다)

① 0.05

② 0.14

③ 1.40

④ 2.55

해설

① $\theta = \dfrac{Tl}{GI_P} = \dfrac{\frac{Tl}{1}}{\frac{G}{1} \times \frac{\pi d^4}{32}} = \dfrac{32Tl}{\pi d^4 G}$

θ : 비틀림각(rad), T : 비틀림 모멘트(N·mm), l : 축 길이(mm), G : 전단탄성계수(N/mm²), I_P : 원형단면축 극관성 모멘트, d : 축 지름(mm)

② radian을 degree로 변환합니다 $\left(1rad = \dfrac{180°}{\pi}\right)$.

$\theta[°] = \dfrac{32Tl}{\pi d^4 G} \times \dfrac{180°}{\pi} = \dfrac{5,760Tl}{\pi^2 d^4 G} = \dfrac{5,760Tl}{(3.14)^2 \times d^4 \times G} \approx \dfrac{584Tl}{d^4 G}$

③ 따라서 $\theta[°] = \dfrac{584Tl}{d^4 G} = \dfrac{584 \times 850\text{N} \cdot \text{mm} \times 150\text{mm}}{(5\text{mm})^4 \times (8.3 \times 10^5 \text{N/mm}^2)} = \dfrac{74,460,000\text{N} \cdot \text{mm}^2}{518,750,000\text{N} \cdot \text{mm}^2} \approx 0.14$

정답 03. ③   04. ②

05 길이가 2m이고 직경이 1cm인 강선에 작용하는 인장하중이 1,600N일 때, 늘어난 강선의 길이는 약 몇 mm인가?[단, 탄성계수(E)=210kPa이다]

① 0.194
② 0.181
③ 0.158
④ 0.133

해설

$$\delta = \frac{Pl}{AE} = \frac{P \times l}{\left(\frac{\pi d^2}{4}\right) \times E} = \frac{1,600\text{N} \times 2\text{m}}{\left[\frac{3.14 \times (1\text{cm})^2}{4}\right] \times 210\text{kPa}}$$

$$= \frac{1,600\text{N} \times 2\text{m}}{\left[\frac{3.14 \times (0.01\text{m})^2}{4}\right] \times (210 \times 10^3)\text{N/m}^2} \approx \frac{3,200\text{N} \cdot \text{m}}{0.0000785\text{m}^2 \times 210,000 \frac{\text{N}}{\text{m}^2}}$$

$$\approx 194\text{m} = 0.194\text{mm}$$

δ : 변형량(m), P : 하중 또는 힘(N), l : 변형 전 길이(m), A : 단면적(m^2), E : 탄성계수(N/m^2), d : 직경(m)

제2과목 : 자동차 엔진

06 엔진의 실제 운전에서 혼합비가 17.8 : 1일 때 공기과잉률(λ)은?(단, 이론 혼합비는 14.8 : 1이다)

① 약 0.83
② 약 1.20
③ 약 1.98
④ 약 3.00

해설

이론 혼합비는 14.8 : 1로서 $\lambda = 1$입니다.

$14.8 : 1 = 17.8 : x$ $14.8x = 17.8$

$\therefore\ x = \frac{17.8}{14.8} \approx 1.20$

정답 05. ① 06. ②

07 디젤엔진의 회전수가 2,500rpm이고 회전력이 28kgf·m일 때, 제동출력은 약 몇 PS인가?

① 98
② 108
③ 118
④ 128

> **해설**
>
> $$B_{PS} = \frac{2\pi \times T \times N}{75 \times 60} = \frac{2 \times 3.14 \times 28\text{kgf} \cdot \text{m} \times 2,500\text{rpm}}{75 \times 60} \approx \frac{7327\text{kgf} \cdot \text{m/sec}}{75} \approx 98\text{PS}$$
>
> B_{PS} : 축출력(PS), 2π : 상수(1rev=360°=2π), T : 토크(kgf·m), N : 엔진 회전수(rpm), 1/102 : 상수(1kgf·m/sec=1/75PS), 1/60 : 상수(1rps=1/60rpm)

08 출력 50kW의 엔진을 1분간 운전했을 때 제동출력이 전부 열로 바뀐다면 몇 kJ인가?

① 2,500
② 3,000
③ 3,500
④ 4,000

> **해설**
>
> - $1\text{W} = 1\text{J/s}$
> - 제동출력이 모두 열로 바뀐다고 했으므로 $50\text{kW} = 50\text{kJ/s}$
> - 엔진을 1분간 운전했으므로 $50\text{kJ/s} \times 1\text{min} = 50\frac{\text{kJ}}{\text{s}} \times 60\text{s} = 3,000\text{kJ}$

정답 07. ① 08. ②

제3과목 : 자동차 섀시

09 브레이크 페달의 지렛대 비가 그림과 같을 때 페달을 100kgf의 힘으로 밟았다. 이때 푸시로드에 작용하는 힘은?

① 200kgf
② 400kgf
③ 500kgf
④ 600kgf

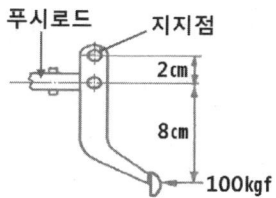

해설

① 팬던트형 페달의 지렛대 비
$(A+B) : A = x : 1$
$(2cm + 8cm) : 2cm = x : 1$
$10cm : 2cm = x : 1$
$2x cm = 10cm$ ∴ $x = 5$

A : 고정핀(지지점)에서부터 푸시로드까지의 거리(cm), B : 푸시로드에서부터 페달 중심까지의 거리(cm), x : 지렛대 비

② 푸시로드에 작용하는 힘 = 지렛대 비 × 페달 밟는 힘
$5 \times 100kgf = 500kgf$

10 입·출력 속도비 0.4, 토크비 2인 토크컨버터에서 펌프 토크가 8kgf·m일 때 터빈 토크는?

① 2kgf·m
② 4kgf·m
③ 8kgf·m
④ 16kgf·m

해설

$\mu = \dfrac{T_t}{T_p}$

$T_t = T_p \times \mu = 8kgf \cdot m \times 2 = 16kgf \cdot m$

μ : 토크비, T_t : 터빈 토크(kgf·m), T_p : 펌프 토크(kgf·m)

정답 09. ③ 10. ④

11 엔진회전수 3,000rpm에서 엔진토크가 12kgf·m일 때 차륜의 구동력은 몇 kgf인가?(단, 총감속비 8, 동력전달 효율 90%, 차륜의 회전 반경 30cm이다)

① 32
② 96
③ 135
④ 288

해설

① 바퀴 토크
$$T_w = T_e \times R_{tot} \times \eta = 12\text{kgf·m} \times 8 \times 0.9 = 86.4\text{kgf·m}$$

T_w : 바퀴 토크(kgf·m), T_e : 엔진 토크(kgf·m), R_{tot} : 최종감속비, η : 동력전달효율

② 구동바퀴의 구동력
문제에서 마찰계수(μ)가 주어지지 않았으므로 $\mu=1$로 가정하여 생략
$$F = \frac{T}{\mu R} = \frac{86.4\text{kgf·m}}{30\text{cm}} = \frac{86.4\text{kgf·m}}{0.3\text{m}} = 288\text{kgf}$$

F : 구동력(kgf), T : 구동바퀴 토크(kgf·m), μ : 마찰계수, R : 구동바퀴 반경(m)

제4과목 : 자동차 전기

12 다음 병렬회로의 합성저항은 몇 Ω인가?

① 0.1
② 0.5
③ 1
④ 5

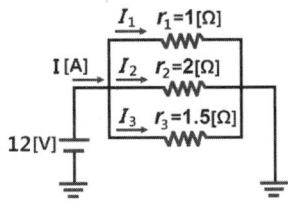

해설

전체 회로의 합성저항을 구합니다(병렬회로의 합성저항).

$$\frac{1}{R_{tot}} = \frac{1}{R_1} + \frac{1}{R_2} \cdots + \frac{1}{R_n},$$

$$\frac{1}{R_{tot}} = \frac{1}{1} + \frac{1}{3} + \frac{1}{1.5} = \frac{4.5}{4.5} + \frac{1.5}{4.5} + \frac{3}{4.5} = \frac{9}{4.5} = 2\Omega,$$

$$R_{tot} = \frac{1}{2}\Omega = 0.5\Omega$$

R_{tot} : 합성저항(Ω), $R_1, R_2 \cdots, R_n$: 각각의 저항(Ω)

정답 11. ④ 12. ②

13 단면적 0.002cm², 길이 10m인 니켈-크롬선의 전기저항은 몇 Ω인가?(단, 니켈-크롬선의 고유저항은 110μΩ이다)

① 45
② 50
③ 55
④ 60

해설

$$R = \rho \frac{l}{A} = 110\mu\Omega \times \frac{10\text{m}}{0.002\text{cm}^2} = 0.00011\Omega \times \frac{1,000\text{cm}}{0.002\text{cm}^2} = 55\Omega$$

R : 저항(Ω), ρ : 고유저항(Ω), l : 도선의 길이(cm), A : 도선의 단면적(cm²)

14 기동전동기의 전류소모 시험 결과 배터리의 전압이 12V일 때 120A를 소모하였다면 출력은 약 몇 PS인가?

① 1.96
② 2.96
③ 3.96
④ 4.96

해설

- $P_E = v \times i = 12\text{V} \times 120\text{A} = 1440\text{W} = 1.44\text{kW}$

  P_E : 전력(W), v : 전압(V), i : 전류(A)

- 1PS : 0.736kW = xPS : 1.44kW $0.736 \times x = 1.44$

  $\therefore x = \dfrac{1.44}{0.736} \approx 1.96(\text{PS})$

정답 13. ③ 14. ①

06 2018년도 제1회

제1과목 : 일반기계공학

01 재료의 인장강도 σ_u=7200MPa, 허용응력 σ_a=900MPa일 때, 안전율(S)은?

① 4　　　　　　　　　　　　② 6
③ 8　　　　　　　　　　　　④ 10

해설

$$\sigma_a = \frac{\sigma_u}{S}$$

σ_a : 허용응력(MPa), σ_u : 인장강도(MPa), S : 안전율

$$S = \frac{\sigma_u}{\sigma_a} = \frac{7200 MPa}{900 MPa} = 8$$

02 직경 4cm의 원형 단면봉에 200kN의 인장하중이 작용할 때 봉에 발생하는 인장응력은 몇 N/mm²인가?

① 159.15　　　　　　　　　② 169.42
③ 179.56　　　　　　　　　④ 189.85

해설

$$\sigma = \frac{P}{A} = \frac{P}{\frac{\pi d^2}{4}} = \frac{200kN}{\frac{3.14 \times (4cm)^2}{4}} = \frac{200000N}{\frac{3.14 \times (40mm)^2}{4}} \approx 159.2 N/mm^2$$

σ : 인장응력(N/mm²), P : 하중 또는 힘(N), A : 단면적(mm²), d : 직경(mm)

정답 1. ③　　2. ①

03 보의 중간 지점($L/2$)에서의 처짐값은?(단, 여기서 EI는 굽힘강성이다.)

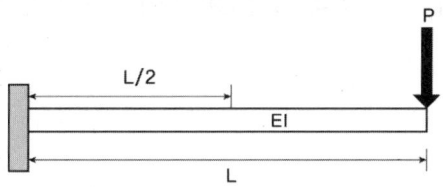

① $\dfrac{7}{96}\dfrac{PL^3}{EI}$ ② $\dfrac{5}{48}\dfrac{PL^3}{EI}$

③ $\dfrac{7}{24}\dfrac{PL^3}{EI}$ ④ $\dfrac{3}{8}\dfrac{PL^3}{EI}$

해설

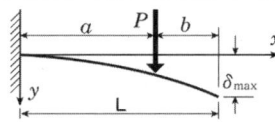

ⓐ	ⓑ
$y = \dfrac{Px^2}{6EI}(3a - x)$	$y = \dfrac{Pa^2}{6EI}(3x - a)$
$(0 < x < a)$	$(a < x < L)$

이 문제는 "ⓑ"에 해당하므로
$x = L$, $y = \delta_{\max}$, $a = L/2$이다.

따라서,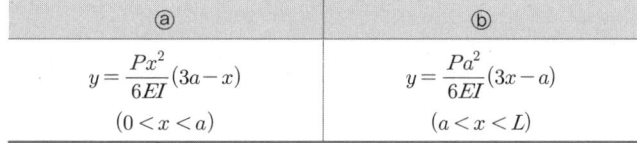

04 10m/s 의 속도로 흐르는 물의 속도수두는 약 몇 m인가?(단, 중력가속도는 9.8m/s²이다.)

① 2.8 ② 3.2
③ 3.8 ④ 5.1

해설

$H_v = \dfrac{v^2}{2g} = \dfrac{(10\text{m/s})^2}{2 \times 9.8\text{m/s}^2} = \dfrac{100\text{m}^2/\text{s}^2}{19.6\text{m/s}^2} \approx 5.1\text{m}$

H_v : 속도수두(m), v : 속도(m/s), g : 중력가속도(m/s²)

정답 3. ②   4. ④

05
동일한 크기의 전단응력이 작용하는 볼트 A와 볼트 B가 있다. A 볼트에 작용하는 전단하중이 B 볼트에 작용하는 전단하중의 4배라고 하면, A 볼트의 지름은 B 볼트의 몇 배인가?

① 0.5
② 2
③ 4
④ 8

해설

> 볼트의 지름을 구하는 공식입니다.
> $d = \sqrt{\dfrac{2P}{\sigma}}$
> d : 지름, P : 전단하중, σ : 전단응력

$d_A = \sqrt{\dfrac{2 \times 4P_B}{\sigma_A}}$, $d_B = \sqrt{\dfrac{2 \times P_B}{\sigma_B}}$

$\sigma_A = \sigma_B$ 이므로
$d_A = \sqrt{2 \times 4P_B} = 2\sqrt{2P_B}$, $d_B = \sqrt{2 \times P_B} = \sqrt{2P_B}$ 이다.

따라서,
$d_A = 2d_B$ 이므로 A볼트의 지름은 B볼트의 2배이다.

정답 5. ②

제2과목 : 자동차 엔진

06 엔진의 실린더 지름이 55mm, 피스톤 행정이 50mm, 압축비가 7.4라면 연소실 체적은 약 몇 cm³인가?

① 9.6   ② 12.6   ③ 15.6   ④ 18.6

해설

$$V_d = \frac{\pi d^2}{4} \times L = \frac{3.14 \times (5.5\text{cm})^2}{4} \times 5\text{cm} \approx 119\text{cm}^3$$

V_d : 행정체적(cm³), d : 실린더 내경(cm), L : 실린더(또는 피스톤) 행정(cm)

$$\epsilon = \frac{V_{cy}}{V_c} = \frac{V_c + V_d}{V_c} = 1 + \frac{V_d}{V_c}, \quad V_c = \frac{V_d}{\epsilon - 1} = \frac{119\text{cm}^3}{7.4 - 1} \approx 18.6\text{cm}^3$$

ϵ : 압축비, V_{cy} : 실린더체적(cm³), V_c : 연소실체적(cm³)

07 총 배기량이 2000cc인 4행정 사이클 엔진이 2000rpm으로 회전할 때, 회전력이 15kgf·m라면 제동평균유효압력은 약 몇 kgf/cm²인가?

① 7.8   ② 8.5   ③ 9.4   ④ 10.2

해설

$$B_{PS} = \frac{2\pi \times T \times N}{75 \times 60} = \frac{2 \times 3.14 \times 15\text{kgf}\cdot\text{m} \times 2000\text{rpm}}{75 \times 60} = \frac{3140\text{kgf}\cdot\text{m/sec}}{75} \approx 41.8\text{PS}$$

B_{PS} : 축출력(PS), 2π : 상수(1rev=360°=2π), T : 토크(kgf·m), N : 엔진 회전수(rpm), 1/75 : 상수(1kgf·m/sec=1/75PS), 1/60 : 상수(1rps=1/60rpm)

출력=상수×토크×회전수
비토크=토크÷총 배기량=평균유효압력
출력=상수×토크×회전수=상수×비토크×총 배기량×회전수=상수×평균유효압력×총 배기량×회전수

$$B_{PS} = \frac{bmep \times \left(\frac{\pi d^2}{4} \times l \times n\right) \times N}{75 \times 100 \times 60 \times n_R}$$

$$bmep = \frac{B_{PS} \times 75 \times 100 \times 60 \times n_R}{\left(\frac{\pi d^2}{4} \times l \times n\right) \times N} = \frac{41.8\text{PS} \times 75 \times 100 \times 60 \times 2}{2000\text{cc} \times 2000\text{rpm}} = \frac{41.8\text{PS} \times 75 \times 100 \times 60 \times 2}{2000\text{cm}^2 \times 2000\text{rpm}} \approx 9.4\text{kgf/cm}^2$$

B_{PS} : 축출력(PS), $bmep$: 제동평균 유효압력(kgf/cm²), d : 실린더 지름(cm), l : 실린더 행정(cm), n : 실린더 수, N : 엔진 회전수(rpm), n_R : 상수(4행정=2, 2행정=1), 1/75 : 상수(1kgf·m/sec=1/75PS), 1/60 : 상수(1rps=1/60rpm), 1/100 : 상수(1kgf·cm/sec=1/100kgf·m/sec), $\frac{\pi d^2}{4} \times l \times n$: 총 배기량

정답 6. ④   7. ③

08 엔진의 지시마력이 105PS, 마찰마력이 21PS일 때 기계효율은 약 몇 %인가?

① 70
② 80
③ 84
④ 90

해설

- 지시마력=제동마력+마찰마력,
  제동마력=105PS−21PS=84PS

- 제동마력=지시마력×기계효율,
  기계효율=제동마력÷지시마력
         =84PS÷105PS
         =0.8

따라서, 기계효율(%)=0.8×100=80%

정답 8. ②

제3과목 : 자동차 섀시

09 자동차의 변속기에서 제3속의 감속비 1.5, 종감속 구동 피니언 기어의 잇수 5, 링 기어의 잇수 22, 구동바퀴의 타이어 유효반경 280mm, 엔진 회전수 3300rpm으로 직진주행하고 있다. 이 때 자동차의 주행속도는 약 몇 km/h인가? (단, 타이어의 미끄러짐은 무시한다.)

① 26.4 ② 52.8
③ 116.2 ④ 128.4

해설

바퀴 회전수를 구합니다.

$$N_w = \frac{N_e}{R_{tot}} = \frac{N_e}{R_T \times R_F} = \frac{N_e}{R_T \times \left(\frac{G_r}{G_p}\right)} = \frac{3300\text{rpm}}{1.5 \times \left(\frac{22}{5}\right)} = 500\text{rpm}$$

N_w : 바퀴 회전수(rpm), N_e : 엔진 회전수(rpm), R_{tot} : 최종감속비, R_T : 변속비, R_F : 종감속비, G_r : 링기어 잇수, G_p : 구동 피니언 잇수

rpm을 km/h로 변환합니다.

$$Nrpm = \frac{Nrev}{1\text{min}} = \frac{\left(\frac{2\pi r \times N}{1}\right)m}{\left(\frac{1}{60}\right)h} = \frac{\left[\left(\frac{2\pi r \times N}{1}\right) \times \frac{1}{1000}\right]\text{km}}{\left(\frac{1}{60}\right)h} = \left(2\pi r \times N \times \frac{60}{1000}\right)\text{km/h},$$

$$500rpm = 2 \times 3.14 \times 0.28 \times 500 \times \frac{60}{1000} \approx 52.8\text{km/h}$$

2π : 상수(1rev=360°=2π), N : 바퀴 회전수(rpm), r : 바퀴 반지름(m)

10 제동 초속도가 105km/h, 차륜과 노면의 마찰계수가 0.4인 차량의 제동거리는 약 몇 m인가?

① 91.5 ② 100.5
③ 108.5 ④ 120.5

해설

$$S = \frac{(|\vec{v}|)^2}{2\mu g} = \frac{(105\text{km/h})^2}{2 \times 0.4 \times 9.8 \text{m/s}^2} = \frac{\left[\frac{(105 \times 1000)\text{m}}{(1 \times 3600)\text{s}}\right]^2}{2 \times 0.4 \times 9.8 \text{m/s}^2} \approx \frac{850.3\text{m}^2/\text{s}^2}{7.84\text{m/s}^2} \approx 108.5\text{m}$$

S : 제동거리(m), $\vec{v}$: 제동 초속도(m/s), μ : 마찰계수, g : 중력가속도(9.8m/s²)

정답 9. ② 10. ③

11 유압식 브레이크의 마스터 실린더 단면적이 4cm²이고, 마스터 실린더 내 푸시로드에 작용하는 힘이 80kgf라면, 단면적이 3cm²인 휠 실린더의 피스톤에서 발생하는 유압은 몇 kgf/cm²인가?

① 40
② 60
③ 80
④ 120

해설

$$P_m = \frac{F_m}{A_m} = \frac{F_m}{\pi r^2} = \frac{80 \text{kgf}}{4 \text{cm}^2} = 20 \text{kgf/cm}^2$$

P_m : 마스터 실린더 압력(kgf/cm²), F_m : 푸시로드 힘(kgf), A_m : 마스터 실린더 단면적(cm²), r : 마스터 실린더 반경(cm)

파스칼 원리에 의해 마스터 실린더 압력(P_m)=휠 실린더 압력(P_w)입니다.

$P_m = P_w$,

$\frac{F_m}{A_m} = \frac{F_w}{A_w}$,

$20 \text{kgf/cm}^2 = \frac{F_w}{3 \text{cm}^2}$,

$F_w = 20 \text{kgf/cm}^2 \times 3 \text{cm}^2 = 60 \text{kgf}$

P_w : 휠 실린더 압력(kgf/cm²), F_w : 휠 실린더 피스톤 힘(kgf), A_w : 휠 실린더 단면적(cm²)

정답 11. ②

제4과목 : 자동차 전기

12 회로가 그림과 같이 연결되었을 때 멀티미터가 지시하는 전류 값은 몇 A인가?

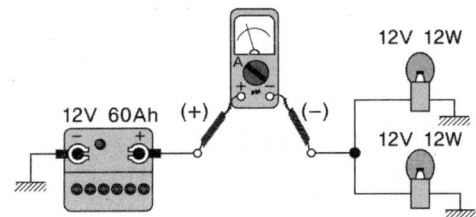

① 1
② 2
③ 4
④ 12

해설

병렬 회로에서는 전압이 일정하므로
'$P_E = v \times i$'에서 'v'는 상수이고 'i'가 변수입니다.

$$P_E = v \times i = v \times \left(\frac{v}{R}\right) = \frac{v^2}{R}$$

P_E : 전력(W), v : 전압(V), i : 전류(A), R : 저항(Ω)

따라서, 회로의 합성저항은
$$R = \frac{v^2}{P_E} = \frac{(12V)^2}{12W + 12W} = \frac{144V^2}{24W} = \frac{6V^2}{1V \cdot I} = \frac{6V}{I} = 6Ω$$

따라서, 회로의 합성전류는
$$i = \frac{v}{R} = \frac{12V}{6Ω} = 2A$$

※ 직렬 회로에서는 전류가 일정하므로
'$P_E = v \times i$'에서 'i'는 상수이고 'v'가 변수입니다.
$P_E = v \times i = (i \times R) \times i = i^2 \times R$
P_E : 전력(W), v : 전압(V), i : 전류(A), R : 저항(Ω)

정답 12. ②

13 점화순서가 1-5-3-6-2-4인 직렬 6기통 기관에서 2번 실린더가 흡입 초 행정일 경우 1번 실린더의 상태는?

① 흡입 말
② 동력 초
③ 동력 말
④ 배기 중

해설

6기통 점화 서 문제가 나오면 일단 '피자판'을 그립니다. 그리고 숫자를 제외한 나머지 부분을 그림 (1)과 같이 그린 다음 문제를 보세요. 이번 문제는 "2번 실린더가 흡입 초 행정일 경우 1번 실린더의 상태는?" 하고 묻고 있습니다. 따라서, 그림 (2)와 같이 '2'를 '흡입 초'에 표기합니다. 그리고 반시계 방향으로 한 칸씩 띄우면서 점화 순서대로 씁니다. 이 문제에서는 점화 순서가 1-5-3-6-2-4'이니 2 다음에 한 칸 띄우고 4, 그 다음에 한 칸 띄우고 1, 5, 3, 6을 씁니다. 그렇게 써넣고 나서 문제에서 묻는 것을 찾아서 쓰면 됩니다.

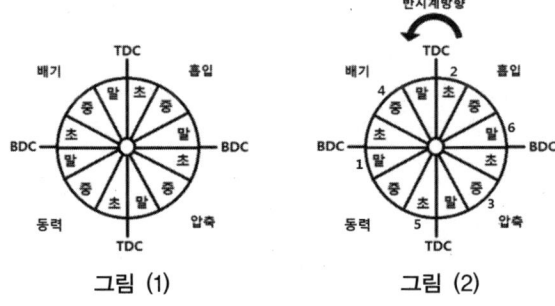

그림 (1)   그림 (2)

정답 13. ③

2018년도 제2회

제1과목 : 일반기계공학

01 지름 42mm, 표점거리 200mm의 연강제 둥근 막대를 인장 시험한 결과, 표점거리가 250mm로 되었다면 연신율은 얼마인가?

① 20%
② 25%
③ 35%
④ 40%

해설

$$\epsilon = \frac{\delta}{l_1} \times 100 = \frac{l_2 - l_1}{l_1} \times 100 = \frac{250\text{mm} - 200\text{mm}}{200\text{mm}} \times 100 = 25\%$$

ϵ : 연신율(%), δ : 변형된 길이(cm), l_2 : 변형 후 길이(cm), l_1 : 변형 전 길이(cm)

02 코일스프링에서 코일의 평균지름이 50mm, 유효권수가 10, 소선지름이 6mm, 축방향의 하중이 10N 작용할 때 비틀림에 의한 전단응력은 약 몇 MPa인가?

① 1.5
② 3.0
③ 5.9
④ 11.8

해설

$$\sigma = \frac{8 \times P \times d}{\pi d_1^3} = \frac{8 \times 10\text{N} \times 50\text{mm}}{3.14 \times (6\text{mm})^3} \approx 5.9\text{N/mm}^2 = 5.9\text{MPa}$$

σ : 전단응력(MPa), P : 하중 또는 힘(N), d : 코일의 평균지름(mm), d_1 : 소선지름(mm)

정답 1. ②   2. ③

03 모듈이 8, 잇수가 45개인 표준 평기어의 피치원 지름은 몇 mm인가?

① 180
② 260
③ 360
④ 440

해설
$d = M \times z = 8 \times 45 = 360 \text{mm}$

d : 피치원 지름(mm), M : 모듈, z : 기어 잇수

04 그림과 같은 단순보에서 R_A와 R_B의 값으로 적절한 것은?

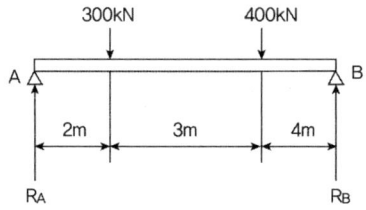

① R_A=396.8kN, R_B=303.2kN
② R_A=411.1kN, R_B=288.9kN
③ R_A=432.3kN, R_B=267.7kN
④ R_A=467.4kN, R_B=232.6kN

해설
$P_1 l_1 + P_2 l_2 - R_B l = 0$

$R_B = \dfrac{P_1 l_1 + P_2 l_2}{l} = \dfrac{(300\text{kN} \times 2\text{m}) + [400\text{kN} \times (2\text{m}+3\text{m})]}{2\text{m}+3\text{m}+4\text{m}} = \dfrac{2600\text{kN} \cdot \text{m}}{9\text{m}} \approx 288.9\text{kN}$

$R_A = P_1 + P_2 - R_B = 300\text{kN} + 400\text{kN} - 288.9\text{kN} = 411.1\text{kN}$

정답 3. ③   4. ②

05 재료의 인장강도가 4000MPa, 안전율이 10이라면 허용응력은 몇 MPa인가?

① 200
② 300
③ 400
④ 500

해설

$$\sigma = \frac{\sigma_{max}}{S} = \frac{4000\text{MPa}}{10} = 400\text{MPa}$$

σ : 허용응력(MPa), σ_{max} : 인장강도(N/mm^2), S : 안전율

정답 5. ③

제2과목 : 자동차 엔진

06 피스톤의 단면적이 40cm², 행정 10cm, 연소실 체적 50cm³인 기관의 압축비는 얼마인가?

① 3 : 1
② 9 : 1
③ 12 : 1
④ 18 : 1

해설

$$\epsilon = \frac{V_{cy}}{V_c} = \frac{V_c + V_d}{V_c} = 1 + \frac{V_d}{V_c} = 1 + \frac{\left(\frac{\pi d^2}{4} \times l\right)}{V_c} = 1 + \frac{(40\text{cm}^2 \times 10\text{cm})}{50\text{cm}^3} = 1 + \frac{400\text{cm}^3}{50\text{cm}^3} = 9$$

ϵ : 압축비, V_{cy} : 실린더 체적(cm³), V_c : 연소실 체적(cm³), V_d : 행정체적(cm³),
d : 실린더 내경(cm), l : 실린더(또는 피스톤) 행정(cm)

07 배기량 400cc, 연소실 체적 50cc인 가솔린엔진이 3000rpm일 때, 축토크가 8.95kgf·m 이라면 축출력은 약 몇 PS인가?

① 15.5
② 35.1
③ 37.5
④ 38.1

해설

$$B_{PS} = \frac{2\pi \times T \times N}{75 \times 60} = \frac{2 \times 3.14 \times 8.95\text{kgf} \cdot \text{m} \times 3000\text{rpm}}{75 \times 60} = \frac{2810.3\text{kgf} \cdot \text{m/sec}}{75} \approx 37.5\text{PS}$$

B_{PS} : 축출력(PS), 2π : 상수(1rev=360°=2π), T : 토크(kgf·m), N : 엔진 회전수(rpm),
1/75 : 상수(1kgf·m/sec=1/75PS), 1/60 : 상수(1rps=1/60rpm)

정답 6. ② 7. ③

제3과목 : 자동차 섀시

08 기관의 축출력은 5000rpm에서 75kW이고, 구동륜에서 측정한 구동출력이 64kW이면 동력전달장치의 총 효율은 약 몇 %인가?

① 15.3　　　② 58.8　　　③ 85.3　　　④ 117.8

해설

$$\eta_{tot} = \frac{P_{out}}{P_{in}} \times 100 = \frac{64\text{kW}}{75\text{kW}} \times 100 \approx 85.3\%$$

η_{tot} : 동력전달장치의 총 효율(%), P_{in} : 기관의 축출력(kW),
P_{out} : 구동륜에서 측정한 구동출력(kW)

09 사이드슬립 테스터로 측정한 결과 왼쪽 바퀴가 안쪽으로 6mm, 오른쪽 바퀴가 바깥쪽으로 8mm 움직였다면 전체 미끄럼 량은?

① in 1mm　　② out 1mm　　③ in 7mm　　④ out 7mm

해설

$$\frac{\text{좌측 슬립량} + \text{우측 슬립량}}{2} = \frac{(+6\text{mm}) + (-8\text{mm})}{2} = \frac{-2\text{mm}}{2} = -1\text{mm} \rightarrow \text{out 1mm}$$

※ 참고

일반적으로 안쪽(IN)이면 +, 바깥쪽(OUT)이면 −

10 중량이 2000kgf인 자동차가 20°의 경사로를 등반 시 구배(등판) 저항은 몇 kgf인가?

① 522　　　② 584　　　③ 622　　　④ 684

해설

$R_g = W \times \sin\theta = 2000\text{kgf} \times \sin 20° \approx 684$

R_g : 구배저항(kgf), W : 중량(kgf), θ : 노면 경사각(°)

※ 참고

$\sin\theta \approx \tan\theta$ 이므로 $R_g = W \times \tan\theta$ 도 적용할 수 있습니다.

정답 8. ③　9. ②　10. ④

제4과목 : 자동차 전기

11 기전력이 2V이고 0.2Ω의 저항 5개가 병렬로 접속되었을 때 각 저항에 흐르는 전류는 몇 A인가?

① 10   ② 20   ③ 30   ④ 40

해설

저항 5개가 병렬로 접속되었으나 각 저항에 흐르는 전류를 구하므로 병렬회로에서 1개 저항값을 구합니다.

$$\frac{1}{R_{tot}} = \frac{1}{R_1} + \frac{1}{R_2} \cdots + \frac{1}{R_n},$$

$$\frac{1}{R_{tot}} = \frac{1}{0.2\Omega} = 5\Omega, \ R_{tot} = \frac{1}{5\Omega} = 0.2\Omega$$

저항 1개에 흐르는 전류를 구합니다.

$$i = \frac{v}{R} = \frac{2V}{0.2\Omega} = 10A$$

v : 전압(V), R : 저항(Ω), i : 전류(A)

12 0.2μF와 0.3μF의 축전기를 병렬로 하여 12V의 전압을 가하면 축전기에 저장되는 전하량은?

① 1.2μC
② 6μC
③ 7.2μC
④ 14.4μC

해설

축전기를 병렬 연결하였을 때 전하량을 구합니다.

$$C = \frac{Q}{V},$$

$$Q = C \times V = (0.2\mu F + 0.3\mu F) \times 12V = (0.2\mu F \times 12V) + (0.3\mu F \times 12V) = 2.4\mu C + 3.6\mu C = 6\mu C$$

C : 전기용량(μF), Q : 전하량(μC), V : 전압(V)

정답 11. ①   12. ②

13 그림과 같은 회로에서 전구의 용량이 정상일 때 전원 내부로 흐르는 전류는 몇 A인가?

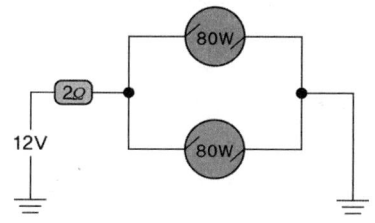

① 2.14 ② 4.13 ③ 6.65 ④ 13.32

해설

전구 1개의 저항을 구합니다.(병렬 회로)

$P_E = v \times i = v \times \left(\dfrac{v}{R}\right) = \dfrac{v^2}{R}$, $R = \dfrac{v^2}{P_E} = \dfrac{(12V)^2}{80W} = \dfrac{144V^2}{80(V \times I)} = 1.8\Omega$

P_E : 전력(W), v : 전압(V), i : 전류(A), R : 저항(Ω)

전체 회로의 합성저항을 구합니다.
$2\Omega + (1.8\Omega \times 2) = 5.6\Omega$

전체 회로의 합성전류를 구합니다.
$i = \dfrac{v}{R} = \dfrac{12V}{5.6\Omega} \approx 2.14A$

※ 참고

직렬 회로에서는 전류가 일정하므로
'$P_E = v \times i$'에서 'v'가 변수이고 'i'는 상수입니다.
$P_E = v \times i = (i \times R) \times i = i^2 \times R$
P_E : 전력(W), v : 전압(V), i : 전류(A), R : 저항(Ω)

정답 13. ①

2018년도 제3회

제1과목 : 일반기계공학

01 6개가 합성된 겹판 스프링으로 각각의 폭 50mm, 두께 9mm, 스프링의 길이 600mm, 하중이 70N이면 최대응력은 약 몇 MPa인가?

① 13.25 ② 10.37 ③ 7.89 ④ 5.75

해설

$$\sigma = \frac{6Pl}{nbh^2} = \frac{6 \times 70N \times 600mm}{6 \times 50mm \times (9mm)^2}$$

$$= \frac{252000N \cdot mm}{24300mm^3} \approx 10.37 N/mm^2 = 10.37 MPa$$

σ : 최대응력(N/mm2), P : 하중 또는 힘(N), l : 스프링 길이(mm), n : 판의 수, b : 겹판 스프링 1장의 폭(mm), h : 겹판 스프링 1장의 두께 또는 높이(mm)

02 전동축에 전달하고자 하는 동력(H)을 2배로 증가시키면 이 축에 작용하는 비틀림 모멘트(T)의 크기는?(단, 회전수는 일정하다.)

① T ② 1/2T ③ 2T ④ 4T

해설

$H = kTN$

H : 동력, k : 상수, T : 비틀림 모멘트, N : 회전수
동력(H)은 비틀림 모멘트(T), 회전수(N)와 비례관계임. 회전수(N)가 일정하므로 동력(H)이 2배 증가하면 비틀림 모멘트(T)도 2배 증가함. 따라서 2T임.

정답 1. ②　2. ③

03 마찰판의 수가 4인 다판 클러치에서 접촉면의 안지름 50mm, 바깥지름 90mm, 스러스트 하중 600N을 작용시킬 때, 토크는 몇 kN·mm인가?(단, 마찰계수는 $\mu = 0.3$이다.)

① 25.2　　② 252　　③ 2520　　④ 25200

해설

$T = \mu W D = 0.3 \times 600N \times (50mm + 90mm)$

$= 0.3 \times 0.6kN \times 140mm = 25.2kN \cdot mm$

T : 토크(kN·mm), μ : 마찰계수, W : 하중(N), 접촉면의 직경(mm)

04 비틀림이 발생하는 원형 단면봉의 직경을 2배로 증가시킬 때 비틀림 각은 어떻게 되는가?

① $\dfrac{1}{2}\theta$　　② $\dfrac{1}{4}\theta$　　③ $\dfrac{1}{8}\theta$　　④ $\dfrac{1}{16}\theta$

해설

원형 단면봉의 직경이 d인 경우

$\theta = \dfrac{Tl}{GI_P} = \dfrac{\dfrac{Tl}{1}}{\dfrac{G}{1} \times \dfrac{\pi d^4}{32}} = \dfrac{32\,Tl}{\pi d^4 G}$

원형 단면봉의 직경(d)을 2배로 증가시킨 경우

$\theta = \dfrac{Tl}{GI_P} = \dfrac{\dfrac{Tl}{1}}{\dfrac{G}{1} \times \dfrac{\pi (2d)^4}{32}} = \dfrac{32\,Tl}{\pi (2d)^4 G}$

$= \dfrac{32\,Tl}{\pi 16 d^4 G} = \dfrac{2\,Tl}{\pi d^4 G}$

θ : 비틀림 각(rad), T : 비틀림 모멘트(N·mm), l : 축 길이(mm), G : 전단탄성계수(N/mm²), I_P : 원형단면축 극관성 모멘트, d : 축 지름(mm)

$\theta = \dfrac{32\,Tl}{\pi d^4 G}$, $\theta \times \dfrac{1}{16} = \dfrac{32\,Tl}{\pi d^4 G} \times \dfrac{1}{16}$,

$\dfrac{1}{16}\theta = \dfrac{2\,Tl}{\pi d^4 G}$

따라서, 비틀림이 발생하는 원형 단면봉의 직경을 2배로 증가시킬 때 비틀림 각은 $\dfrac{1}{16}\theta$가 된다.

정답　3. ①　4. ④

05 그림과 같은 구조물에서 AB 부재에 작용하는 인장력은 약 몇 N인가?

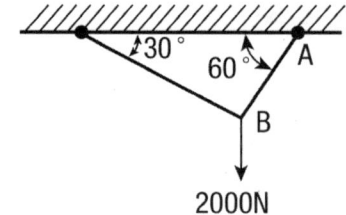

① 1232
② 1309
③ 1732
④ 2309

해설

라미의 정리를 응용한다.
라미의 정리는 세 힘이 평형을 이루는 경우에 두 벡터가 이루는 각과 나머지 한 벡터의 크기와 관련된 관계식을 말한다.

라미의 정리 : $\dfrac{F_1}{\sin\theta_1}=\dfrac{F_2}{\sin\theta_2}=\dfrac{F_3}{\sin\theta_3}$,

$\dfrac{F_1}{\sin\theta'_1}=\dfrac{F_2}{\sin\theta'_2}=\dfrac{F_3}{\sin\theta'_3}$

위 그림에서
$\theta_1=90°$, $\theta'_1=180°-90°=90°$,
$\theta_2=60°$, $\theta'_2=180°-60°=120°$,
$\theta_3=30°$, $\theta'_3=180°-30°=150°$

이므로, AB 부재에 작용하는 인장력은
$\dfrac{F_1}{\sin\theta'_1}=\dfrac{F_2}{\sin\theta'_2}$,

$\dfrac{2000N}{\sin 90°}=\dfrac{F_2}{\sin 120°}$,

$\sin 90° \times F_2 = \sin 120° \times 2000N$,

$F_2=\dfrac{\sin 120° \times 2000N}{\sin 90°} \approx \dfrac{0.866 \times 2000N}{1}=1732N$

정답 5. ③

제2과목 : 자동차 엔진

06 가솔린 엔진의 연소실 체적이 행정체적의 20%일 때 압축비는 얼마인가?
① 6:1   ② 7:1
③ 8:1   ④ 9:1

해설

$$\epsilon = \frac{V_{cy}}{V_c} = \frac{V_c + V_d}{V_c} = \frac{0.2V_d + V_d}{0.2V_d}$$

$$= 1 + \frac{1}{0.2} = 6$$

ε : 압축비, V_{cy} : 실린더체적, V_c : 연소실체적, V_d : 행정체적

07 엔진의 연소실 체적이 행정 체적의 20%일 때 오토 사이클의 열효율은 약 몇 %인가? (단, 비열비 κ=1.4)
① 51.2   ② 56.4
③ 60.3   ④ 65.9

해설

$$\epsilon = \frac{V_{cy}}{V_c} = \frac{V_c + V_d}{V_c} = \frac{0.2V_d + V_d}{0.2V_d}$$

$$= 1 + \frac{1}{0.2} = 6$$

ε : 압축비, V_{cy} : 실린더체적, V_c : 연소실체적, V_d : 행정체적

$$\eta_{otto}[\%] = \left[1 - \left(\frac{1}{\epsilon^{\kappa-1}}\right)\right] \times 100$$

$$= \left[1 - \left(\frac{1}{6^{1.4-1}}\right)\right] \times 100 \approx 51.2\%$$

η_{otto} : 오토사이클 열효율, ϵ : 압축비, κ : 비열비

정답 06. ①   07. ①

08 엔진의 회전수가 4000rpm이고, 연소지연시간이 1/600초일 때 연소지연시간 동안 크랭크축의 회전각도로 옳은 것은?

① 28°
② 37°
③ 40°
④ 46°

해설

$$I_t = \left(\frac{N}{60}\right) \times 360 \times t = 6Nt,$$

$$I_t = 6Nt = 6 \times 4000rpm \times \frac{1}{600}sec = 40°$$

I_t : 크랭크축 회전각도(°), N : 엔진 회전수(rpm), t : 연소지연기간(sec), 1/60 : 상수(1rps=1/60rpm), 360 : 상수(1rev=360°)

제3과목 : 자동차 섀시

09 엔진이 2000rpm일 때 발생한 토크 60kgf · m가 클러치를 거쳐, 변속기로 입력된 회전수와 토크가 1900rpm, 56kgf · m이다. 이때 클러치의 전달효율은 약 몇 %인가?

① 47.28
② 62.34
③ 88.67
④ 93.84

$$\eta_c = (R_T \times R_S) \times 100 = \left(\frac{T_{out}}{T_{in}} \times \frac{N_{out}}{N_{in}}\right) \times 100$$

$$= \left(\frac{56}{60} \times \frac{1900}{2000}\right) \times 100 \approx 88.67\%$$

η_c : 클러치 전달효율(%), R_T : 토크비, R_S : 속도비, T_{in} : 엔진 토크(kgf · m), T_{out} : 클러치 출력 토크(kgf · m), N_{in} : 엔진 회전수(rpm), N_{out} : 변속기 입력축 회전수(rpm)

정답 08. ③ 09. ③

10 종감속장치에서 구동피니언의 잇수가 8, 링기어의 잇수가 40이다. 추진축이 1200rpm일 때 왼쪽바퀴가 180rpm으로 회전하고 있다. 이때 오른쪽 바퀴의 회전수는 몇 rpm인가?

① 200
② 300
③ 600
④ 800

해설

종감속비를 구한다.
$R_F = \dfrac{G_r}{G_p} = \dfrac{40}{8} = 5$

양쪽 바퀴 회전수를 구한다.
$N_{tot} = \left(\dfrac{N_p}{R_F}\right) \times 2 = \left(\dfrac{1200rpm}{5}\right) \times 2 = 480rpm$

오른쪽 바퀴 회전수를 구한다.
$N_{tr} = N_{tot} - N_{tl} = 480 - 180 = 300(rpm)$

> N_p : 추진축 회전수(rpm), N_e : 엔진 회전수(rpm), R_T : 변속비, R_F : 종감속비, G_r : 링기어 잇수, G_p : 구동 피니언 잇수, N_{tot} : 양쪽 바퀴 회전수(rpm), $\dfrac{N_p}{R_F}$: 한쪽 바퀴 회전수(rpm), R_F : 종감속비, N_{tr} : 오른쪽 바퀴 회전수(rpm), N_{tl} : 왼쪽 바퀴 회전수(rpm)

11 96km/h로 주행 중인 자동차의 제동을 위한 공주시간이 0.3초일 때 공주거리는 몇 m인가?

① 2
② 4
③ 8
④ 12

해설

$S = |\vec{v}| \times t$,

$S = 96km/h \times 0.3s = \dfrac{(96 \times 1000)m}{3600s} \times 0.3s = 8m$

> S : 공주거리(m), $\vec{v}$: 제동 초속도(m/s), t : 공주시간(s)

정답 10. ② 11. ③

제4과목 : 자동차 전기

12 기동전동기에 흐르는 전류가 160A이고, 전압이 12V일 때 기동전동기의 출력은 약 몇 PS인가?

① 1.3 ② 2.6 ③ 3.9 ④ 5.2

해설

$P_E = v \times i = 12V \times 160A = 1920W = 1.92kW$

$1PS : 0.736kW = xPS : 1.92kW$,

$0.736x = 1.92$,

$x = 1.92 \div 0.736 \approx 2.6(PS)$

P_E : 전력(W), v : 전압(V), i : 전류(A)

13 4행정 사이클 가솔린 엔진에서 점화 후 최고 압력에 도달할 때까지 1/400초가 소요된다. 2100rpm으로 운전될 때의 점화시기는? (단, 최고 폭발압력은 ATDC 10°이다.)

① BTDC 19.5° ② BTDC 21.5°
③ BTDC 23.5° ④ BTDC 25.5°

해설

$I_t = \left(\dfrac{N}{60}\right) \times 360 \times t = 6Nt$,

$I_t = 6Nt = 6 \times 2100rpm \times \dfrac{1}{400}sec = 31.5°$

I_t : 크랭크축 회전각도(°), N : 엔진 회전수(rpm), t : 점화 후 최고 압력에 도달할 때까지 소요되는 시간(sec), 1/60 : 상수(1rps=1/60rpm), 360 : 상수(1rev=360°)

즉, 해당 엔진 회전수(2100rpm)에서
· 점화 후 최고 압력에 도달할 때까지의 시간이 1/400초이므로 31.5° 소요된다.
· 최고 폭발압력은 ATDC 10°이다.

따라서, 점화시기 + 점화 후 최고압력 도달까지 소요되는 기간 = 최고 압력 도달시기이므로
x + 31.5° = ATDC 10°
x = (ATDC 10°) − 31.5° = BTDC 21.5°

정답 12. ② 13. ②

자동차정비산업기사 필기 계산문제 한 권으로 끝내기

07 2019년도 제1회

제1과목 : 일반기계공학

01 그림과 같은 기어열에서 각 기어의 잇수가 $Z_1=40$, $Z_2=20$, $Z_3=40$ 일 때 O_1 기어를 시계방향으로 1회전시켰다면 O_3 기어는 어느 방향으로 몇 회전하는가?

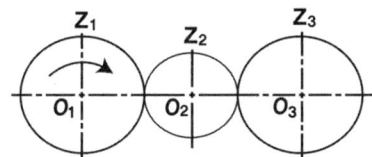

① 시계방향으로 1회전
② 시계방향으로 2회전
③ 시계반대방향으로 1회전
④ 시계반대방향으로 2회전

해설

O_1 기어가 시계방향이므로 O_2 기어는 반시계방향, O_3 기어는 시계방향이다.

또한,

$$\frac{\text{피동 기어 잇수}}{\text{구동 기어 잇수}} = \frac{\text{구동축 회전수}}{\text{피동축 회전수}}$$ 이므로

$$\frac{Z_2}{Z_1} = \frac{N_1}{N_2}$$

$$\frac{20}{40} = \frac{1}{2}$$

즉, O_1 기어가 1회전할 때 O_2 기어는 2회전한다.

$$\frac{Z_3}{Z_2} = \frac{N_2}{N_3}$$

$$\frac{40}{20} = \frac{2}{1}$$

즉, O_2 기어가 2회전할 때 O_3 기어는 1회전한다.

따라서, O_1 기어를 시계방향으로 1회전시켰을 때 O_3 기어는 시계방향으로 1회전한다.

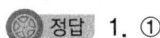

정답 1. ①

02 원판클러치에서 마찰면의 마모가 균일하다고 가정할 때 바깥지름 300mm, 안지름 250mm, 클러치를 미는 힘 500N, 마찰계수가 0.2라고 할 경우 클러치의 전달토크는 몇 N·mm인가?

① 11390
② 13750
③ 17530
④ 18275

해설

$$T = \mu F R = 0.2 \times 500N \times \frac{300mm + 250mm}{4}$$

$$= 13750 N \cdot mm$$

T : 클러치 전달토크(N·mm), μ : 마찰계수, F : 클러치를 미는 힘(N), R : 평균반경(mm)

03 재료의 인장강도가 3200N/mm²인 재료를 안전율 4로 설계할 때 허용 응력은 약 몇 N/mm²인가?

① 400
② 600
③ 800
④ 1600

해설

$$\sigma = \frac{\sigma_{max}}{S} = \frac{3200 N/mm^2}{4} = 800 N/mm^2$$

σ : 허용응력(N/mm²), σ_{max} : 인장강도(N/mm²), S : 안전율

정답 2. ② 3. ③

제2과목 : 자동차 엔진

04 6기통 4행정 사이클 엔진이 10kgf·m의 토크로 1000rpm으로 회전할 때 축출력은 약 몇 kW인가?

① 9.2
② 10.3
③ 13.9
④ 20

해설

$$B_{kW} = \left(\frac{2\pi}{102 \times 60}\right) \times T \times N$$

$$= \frac{1}{102} \times T \times \frac{2\pi N}{60}$$

$$= \frac{1}{102} \times 10 kgf \cdot m \times \frac{2 \times 3.14 \times 1000 rpm}{60}$$

$$\approx \frac{1047 kgf \cdot m/\sec}{102} \approx 10.3 kW$$

B_{kW} : 축출력(kW), 2π : 상수(1rev=360°=2π), T : 토크(kgf·m),
N : 회전수(rpm), 1/102 : 상수(1kgf·m/sec=1/102kW), 1/60 : 상수(1rps=1/60rpm),
1/9.8 : 상수(1N·m≒1/9.8kgf·m)

05 연료 10.4kg을 연소시키는 데 152kg의 공기를 소비하였다면 공기와 연료의 비는? (단, 공기의 밀도는 1.29kg/m³이다.)

① 공기(14.6kg) : 연료(1kg)
② 공기(14.6m³) : 연료(1m³)
③ 공기(12.6kg) : 연료(1kg)
④ 공기(12.6m³) : 연료(1m³)

해설

공기와 연료의 비
152kg : 10.4kg,
14.6kg : 1kg

정답 4. ② 5. ①

06 실린더 내경 80mm, 행정 90mm인 4행정 사이클 엔진이 2000rpm으로 운전할 때 피스톤의 평균속도는 몇 m/sec인가? (단, 실린더는 4개이다.)

① 6
② 7
③ 8
④ 9

해설

$$\overline{S} = \frac{2L \times N}{60} = \frac{2 \times 0.09m \times 2000rpm}{60} = 6m/s$$

$\overline{S}$: 피스톤 평균속도(m/s), L : 피스톤(또는 실린더) 행정(m),
N : 크랭크축(또는 엔진) 회전수(rpm), 1/60 : 상수(1rps=1/60rpm)

제3과목 : 자동차 섀시

07 자동차의 엔진 토크 14kgf · m, 총 감속비 3.0, 전달효율 0.9, 구동바퀴의 유효반경 0.3m일 때 구동력은 몇 kgf인가?

① 68
② 116
③ 126
④ 228

해설

$$F = \frac{T_e \times R_{tot} \times \eta}{R} = \frac{14kgf \cdot m \times 3 \times 0.9}{0.3m} = 126 kgf$$

F : 구동력(kgf), T_e : 엔진 토크(kgf · m), R_{tot} : 총 감속비, η : 동력전달효율,
R : 구동바퀴 유효반경(m)

정답 6. ① 7. ③

08 자동차 수동변속기의 단판 클러치 마찰면의 외경이 22cm, 내경이 14cm, 마찰계수 0.3, 클러치 스프링 9개, 1개의 스프링에 각각 300N의 장력이 작용한다면 클러치가 전달 가능한 토크는 몇 N·m인가? (단, 안전계수는 무시한다.)

① 74.8 ② 145.8 ③ 210.4 ④ 281.2

해설

$$F = 2\mu Pn = 2 \times 0.3 \times 300N \times 9 = 1620N$$

F : 마찰력(N), 2 : 양쪽 마찰면, μ : 마찰계수, P : 수직하중(N), n : 코일스프링 수

$$T = FR = 1620N \times \frac{0.22m + 0.14mm}{4} = 145.8 N \cdot m$$

T : 클러치 전달토크(N·m), F : 마찰력(N), R : 평균반경(m)

09 평탄한 도로를 90km/h로 달리는 승용차의 총 주행저항은 약 몇 kgf인가? (단, 공기저항계수 0.03, 총중량 1145kgf, 투영면적 1.6m², 구름저항계수 0.015이다.)

① 37.18 ② 47.18 ③ 57.18 ④ 67.18

해설

공기저항을 구한다.

$$R_a = \mu a \times A \times V^2 = 0.03 \times 1.6 m^2 \times (90 km/h)^2$$
$$= 0.03 \times 1.6 m^2 \times \left[\frac{(90 \times 1000)m}{(1 \times 3600)s}\right]^2$$
$$= 30(kgf)$$

R_a : 공기저항(kgf), μa : 공기저항계수, A : 자동차 전면 투영 면적(m²),
V : 자동차의 공기에 대한 상대속도(m/s)

구름저항을 구한다.
$$R_r = \mu r \times W = 0.015 \times 1145 kgf = 17.175 kgf$$

R_r : 구름저항(kgf), μr : 구름저항계수, W : 차량 총중량(kgf)

총 주행저항을 구한다.
$$R_{tot} = R_a + R_r = 30 kgf + 17.175 kgf \approx 47.18 kgf$$

R_{tot} : 총 주행저항(kgf)

정답 8. ② 9. ②

제4과목 : 자동차 전기

10 12V를 사용하는 자동차의 점화코일에 흐르는 전류가 0.01초 동안에 50A 변화하였다. 자기인덕턴스가 0.5H일 때 코일에 유도되는 기전력은 몇 V인가?

① 6V ② 104V ③ 2500V ④ 60000V

해설

$$V_i = L \times \frac{di}{dt} = 0.5H \times \frac{50A}{0.01\text{sec}} = 2500V$$

V_i : 유도기전력(V), L : 인덕턴스(H), di : 전류 변화(A), dt : 시간 변화(sec)

11 다음 직렬회로에서 저항 R_1에 5mA의 전류가 흐를 때 R_1의 저항값은?

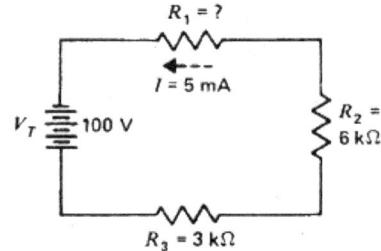

① 7 kΩ ② 9 kΩ ③ 11 kΩ ④ 13 kΩ

해설

직렬회로의 합성저항을 구한다.

$$R_{tot} = \frac{v}{i} = \frac{100V}{5mA} = \frac{100V}{0.005A} = 20000\Omega = 20k\Omega$$

R_{tot} : 저항(Ω), v : 전압(V), i : 전류(A)

R_1 저항을 구한다.

$R_{tot} = R_1 + R_2 + R_3$,

$20k\Omega = R_1 + 6k\Omega + 3k\Omega$,

$R_1 = 20k\Omega - 9k\Omega = 11k\Omega$

정답 10. ③   11. ③

12 가솔린엔진에서 기동전동기의 소모전류가 90A이고, 배터리 전압이 12V일 때 기동전동기의 마력은 약 몇 PS인가?

① 0.75 ② 1.26 ③ 1.47 ④ 1.78

해설

$P_E = v \times i = 12V \times 90A = 108W = 0.108kW$

P_E : 전력(W), v : 전압(V), i : 전류(A)

$1PS : 0.736kW = xPS : 0.108kW$,

$0.736 \times x = 0.108$,

$x = \dfrac{0.108}{0.736} \approx 1.47(PS)$

정답 12. ③

2019년도 제2회

제1과목 : 일반기계공학

01 속이 찬 회전축의 전달마력이 7kW이고 회전수가 350rpm일 때 축의 전달 토크는 약 몇 N · m 인가?

① 101
② 151
③ 191
④ 231

해설

$$B_{kW} = \left(\frac{2\pi}{102 \times 9.8 \times 60}\right) \times T \times N,$$

$$T = \left(\frac{102 \times 9.8 \times 60}{2\pi}\right) \times \frac{B_{kW}}{N}$$

$$= \left(\frac{102 \times 9.8 \times 60}{2 \times 3.14}\right) \times \frac{7kW}{350rpm}$$

$$\approx 191 N \cdot m$$

B_{kW} : 축의 전달동력(kW), 2π : 상수(1rev=360°=2π), T : 토크(N · m), N : 회전수(rpm), 1/102 : 상수(1kgf · m/sec=1/102kW), 1/60 : 상수(1rps=1/60rpm), 1/9.8 : 상수(1N · m≒1/9.8kgf · m)

정답 1. ③

02 판 두께 10mm, 인장강도 3500N/cm², 안전계수 4인 연강판으로 5N/cm²의 내압을 받는 원통을 만들고자 한다. 이때 원통의 안지름은 몇 cm인가?

① 87.5
② 175
③ 350
④ 700

해설

$$\sigma_{\max} = \frac{P \times d \times S}{2 \times \phi},$$

$$3500 N/cm^2 = \frac{5N/cm^2 \times d \times 4}{2 \times 1cm},$$

$$d = \frac{3500N/cm^2 \times 2 \times 1cm}{5N/cm^2 \times 4} = 350cm$$

$\sigma_{\max}$: 인장강도(N/cm²), P : 내압(N/cm²), d : 내경(cm), S : 안전계수(안전율), ϕ : 판 두께(cm)

03 그림의 유압장치에서 A부분 실린더 단면적이 200cm², B부분 실린더 단면적이 50cm²일 때 F2에 작용하는 힘이 1000N이면 F1에는 몇 N의 힘이 작용하는가?

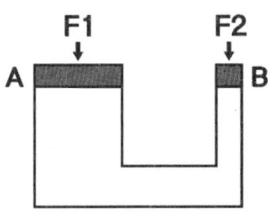

① 3000
② 4000
③ 5000
④ 6000

해설

$$\frac{1000N}{50cm^2} = \frac{xN}{200cm^2},$$

$$50x \, N/cm^2 = 200000 \, N/cm^2,$$

$$x = 4000(N)$$

정답 2. ③   3. ②

제2과목 : 자동차 엔진

04 출력이 A=120PS, B=90kW, C=110HP인 3개의 엔진을 출력이 큰 순서대로 나열한 것은?

① B⟩C⟩A
② A⟩C⟩B
③ C⟩A⟩B
④ B⟩A⟩C

해설

- 120PS=88.32kW
- 110HP=82.06kW

따라서, B⟩A⟩C
※ 1PS=0.736kW
　1HP=0.746kW

05 4행정 가솔린엔진이 1분당 2500rpm에서 9.23kgf·m의 회전토크일 때 축 마력은 약 몇 PS인가?

① 28.1
② 32.2
③ 35.3
④ 37.5

해설

$$B_{PS} = \frac{2\pi \times T \times N}{75 \times 60} = \frac{2 \times 3.14 \times 9.23 kgf \cdot m \times 2500 rpm}{75 \times 60}$$

$$\approx \frac{2415.2 kgf \cdot m/\sec}{75} \approx 32.2 PS$$

B_{PS} : 축 마력(PS), 2π : 상수(1rev=360°=2π), T : 토크(kgf·m), N : 엔진 회전수(rpm), 1/75 : 상수(1kgf·m/sec=1/75PS), 1/60 : 상수(1rps=1/60rpm)

정답 4. ④ 5. ②

06 4실린더 4행정 사이클 엔진을 65PS로 30분간 운전시켰더니 연료가 10ℓ 소모되었다. 연료의 비중이 0.73, 저위발열량이 11000kcal/kg이라면 이 엔진의 열효율은 몇 %인가? (단, 1마력당 1시간당의 일량은 632.5kcal이다.)

① 약 23.6 ② 약 24.6
③ 약 25.6 ④ 약 51.2

해설

$$\eta_e = \frac{632.5 \times B_{PS}}{H_r \times G \times \gamma} \times 100$$

$$= \frac{632.5 \times 65}{11000 \times \left(\frac{10l}{0.5h}\right) \times 0.73} \times 100 \approx 25.6\%$$

η_e : 열효율(%), 632.5 : 상수(1PS=632.5kcal/h), B_{PS} : 마력(PS), H_r : 단위 중량당 연료 저위발열량(kcal/kg), G : 단위 시간당 연료소비량(kg/h), γ : 연료 비중

제3과목 : 자동차 섀시

07 정지 상태의 자동차가 출발하여 100m에 도달했을 때의 속도가 60km/h이다. 이 자동차의 가속도는 약 m/s²인가?

① 1.4 ② 5.6
③ 6.0 ④ 8.7

해설

$\sqrt{2aS} = v - v_0$,

$2aS = v^2 - v_0^2$,

$$a = \frac{v^2 - v_0^2}{2S} = \frac{(60km/h)^2 - 0}{2 \times 100m} = \frac{\left[\frac{(60 \times 1000)m}{3600s}\right]^2}{200m}$$

$$\approx \frac{279 m^2/s^2}{200m} \approx 1.4 m/s^2$$

a : 가속도 또는 감속도(m/s²), S : 변위(m), v : 나중속도(m/s), v_0 : 처음속도(m/s)

정답 6. ③ 7. ①

08 자동차의 축간거리가 2.5m, 킹핀의 연장선과 캠버의 연장선이 지면 위에서 만나는 거리가 30cm인 자동차를 좌측으로 회전하였을 때 바깥쪽 바퀴의 조향각도가 30°라면 최소회전반경은 약 몇 m인가?

① 4.3
② 5.3
③ 6.2
④ 7.2

해설

$$R = \frac{L}{\sin\alpha} + r = \frac{2.5m}{\sin 30°} + 30cm$$

$$= \frac{2.5m}{0.5} + 0.3m = 5.3m$$

R : 최소회전반경(m), L : 축간거리(m), α : 바깥쪽 앞바퀴의 조향각(°),
r : 바퀴 접지면 중심과 킹핀과의 거리(m)

09 사이드 슬립 점검 시 왼쪽 바퀴가 안쪽으로 8mm, 오른쪽 바퀴가 바깥쪽으로 4mm 슬립되는 것으로 측정되었다면 전체 미끄럼값 및 방향은?

① 안쪽으로 2mm 미끄러진다.
② 안쪽으로 4mm 미끄러진다.
③ 바깥쪽으로 2mm 미끄러진다.
④ 바깥쪽으로 4mm 미끄러진다.

해설

사이드 슬립량 구하는 공식입니다.
- 측정값의 단위 : mm/m 또는 m/km
- 토인(IN)이면 +, 토아웃(OUT)이면 −

$$\text{사이드 슬립량} = \frac{\text{좌측 슬립량} + \text{우측 슬립량}}{2}$$

$$= \frac{(+8mm/m) + (-4mm/m)}{2}$$

$$= \frac{+4mm/m}{2} = +2mm/m$$

따라서, 측정값이 +2mm/m이므로 안쪽으로 2mm 미끄러진다.

정답 8. ② 9. ①

제4과목 : 자동차 전기

10 5A의 일정한 전류로 방전되어 20시간이 지났을 때 방전종지전압에 이르는 배터리의 용량은?

① 60Ah
② 80Ah
③ 100Ah
④ 120Ah

해설

$Ah = A \times h = 5A \times 20h = 100Ah$

Ah : 배터리 용량 단위, A : 연속 방전 전류 단위, h : 방전 종지 전압까지 연속 방전 시간 단위

11 기동전동기의 피니언기어 잇수가 9, 플라이휠의 링기어 잇수가 113, 배기량 1500cc인 엔진의 회전저항이 8kgf·m일 때 기동전동기의 최소 회전토크는 약 몇 kgf·m인가?

① 0.38
② 0.48
③ 0.55
④ 0.64

해설

감속비 = 링기어 잇수 ÷ 구동 피니언 잇수 이다.
엔진 부하 토크(회전저항)가 일정할 때 감속비가 커지면 그만큼 시동 모터의 회전수는 낮아지고 토크는 커질 수 있으므로 시동 모터가 필요로 하는 회전 토크는 감소하게 된다. 즉, 엔진 부하 토크가 일정할 때 시동 모터가 필요로 하는 회전 토크와 감속비는 반비례 관계이다.

$$T_m = \frac{T_e}{R_R} = \frac{T_e}{\frac{1}{\frac{G_r}{G_p}}} = \frac{T_e \times G_p}{G_r}$$

$$= \frac{8kgf \cdot m \times 9}{113} \approx 0.64 kgf \cdot m$$

T_m : 시동 모터가 필요로 하는 회전 토크(kgf·m), T_e : 엔진 부하 토크(kgf·m), R_R : 감속비, G_r : 링기어 잇수, G_p : 구동 피니언 잇수

정답 10. ③   11. ④

12 12V 5W의 번호판등이 사용되는 승용차량에 24V 3W가 잘못 장착되었을 때, 전류 값과 밝기의 변화는 어떻게 되는가?

① 0.125A, 밝아진다.

② 0.125A, 어두워진다.

③ 0.0625A, 밝아진다.

④ 0.0625A, 어두워진다.

해설

24V 3W 번호판등의 저항을 구한다.

$$R = \frac{v^2}{P_E} = \frac{(24V)^2}{3W} = \frac{(576V)^2}{3(V \times I)} = \frac{576V}{3I} \approx 192\Omega$$

P_E : 전력(W), v : 전압(V), i : 전류(A), R : 저항(Ω)

회로에 흐르는 전류를 구한다. 이때 12V 5W의 번호판등이 사용되는 승용차량이므로 전압은 12V이다.

$$i = \frac{v}{R} = \frac{12V}{192\Omega} = 0.0625A$$

정답 12. ④

2019년도 제3회

제1과목 : 일반기계공학

01 허용굽힘응력 60N/mm²인 단순지지보가 1×10⁶N·mm의 최대 굽힘모멘트를 받을 때 필요한 단면계수의 최소값은 몇 mm³인가?

① 1667 ② 16667 ③ 17660 ④ 26667

해설

$\sigma = \dfrac{M}{Z}$,

$Z = \dfrac{M}{\sigma} = \dfrac{1 \times 10^6 N \cdot mm}{60 N/mm^2} \approx 16667 mm^3$

σ : 허용굽힘응력(N/mm²), M : 단순지지보가 최대굽힘모멘트(N·m), Z : 단면계수(mm³)

02 공작물을 단면적 100cm²인 유압실린더로 1분에 2m의 속도로 이송시키기 위해 필요한 유량은 몇 L/min인가?

① 10 ② 20 ③ 30 ④ 40

해설

$Q = A \times v = 100 cm^2 \times 200 cm/min$

$= 20000 cm^3/min = 20 L/min$

Q : 유량(L/min), A : 단면적(cm³), v : 속도(cm/min)
※ 1ℓ =1000cm³, 1cm³=1/1000 ℓ

정답 1. ② 2. ②

제2과목 : 자동차 엔진

03 압축상사점에서 연소실체적(Vc)은 0.1ℓ 이고 압력(Pc)은 30bar이다. 체적이 1.1ℓ 로 증가하면 압력은 몇 bar가 되는가? (단, 동작유체는 이상기체이며 등온과정이다.)

① 2.73   ② 3.3   ③ 27.3   ④ 33

해설

$$PV = nRT, \quad P = \frac{1}{V}$$

P : 압력, V : 부피, n : 몰수, R : 기체상수, T : 온도

$$\frac{1}{0.1} : 30 = \frac{1}{1.1} : x$$

$$10 : 30 = 0.91 : x$$

$$27.3 = 10x$$

$$x = 2.73$$

04 가솔린 300cc를 연소시키기 위해 필요한 공기는 약 몇 kg인가?
(단, 혼합비는 15 : 1, 가솔린의 비중은 0.75이다.)

① 1.19   ② 2.42   ③ 3.38   ④ 4.92

해설

4℃ 상태 물의 비중량은 표준물질로 1kgf/ℓ 이다.
연료의 비중량은 0.75 × 1kgf/ℓ = 0.75kgf/ℓ 이므로 0.75kgf/ℓ 이다.
연료의 체적이 300cc로 주어졌다.
1cc = 0.001ℓ 이므로 연료의 체적은 0.3ℓ 이다.
$(0.75\frac{kgf}{l}) \times 0.3l = 0.225kgf$ 이므로
연료의 무게는 0.225kgf이다.

혼합비가 15로 주어졌다. 혼합비는 공기무게(질량):연료무게(질량)이므로 공기무게 : 연료무게 = 15 : 1이다.

$15 : 1 = x : 0.225kgf$

$x \approx 3.38kgf$

따라서, 공기무게는 3.38kgf, 연료무게는 0.225kgf이다.

정답 3. ①   4. ③

05 오토사이클의 압축비가 8.5일 경우 이론 열효율은? (단, 공기의 비열비는 1.4이다.)

① 49.6
② 52.4
③ 54.6
④ 57.5

해설

$$\eta_{otto}[\%] = \left[1 - \left(\frac{1}{\epsilon^{\kappa-1}}\right)\right] \times 100$$

$$= \left[1 - \left(\frac{1}{8.5^{1.4-1}}\right)\right] \times 100 \approx 57.5$$

η_{otto} : 오토사이클 열효율, ϵ : 압축비, κ : 비열비

제3과목 : 자동차 섀시

06 조향핸들을 2바퀴 돌렸을 때 피트먼 암이 90° 움직였다면 조향 기어비는?

① 1 : 6
② 1 : 7
③ 8 : 1
④ 9 : 1

해설

$$조향기어비 = \frac{스티어링휠이\ 움직인\ 각도(°)}{피트먼암이\ 움직인\ 각도(°)}$$

$$= \frac{360° \times 2회전}{90°} = \frac{720°}{90°} = 8$$

정답 5. ④ 6. ③

07 총 중량 1톤인 자동차가 72km/h로 주행 중 급제동하였을 때 운동에너지가 모두 브레이크 드럼에 흡수되어 열이 되었다. 흡수된 열량(kcal)은 얼마인가?
(단, 노면의 마찰계수는 1이다.)

① 47.79
② 52.30
③ 54.68
④ 60.25

해설

$$E = \frac{W \times v^2}{427 \times 2g} = \frac{1000 kgf \times \left[\frac{(72 \times 1000)m}{(1 \times 3600)s}\right]^2}{427 \times 2 \times 9.8 m/s^2}$$

$$= \frac{1000 kgf \times 400 m^2/s^2}{427 \times 19.6 m/s^2} \approx \frac{20408.16 kgf \cdot m}{427}$$

$$\approx 47.79 kcal$$

E : 열량(kcal), W : 중량(kgf), v : 속도(m/s), g : 중력가속도(9.8m/s²),
427 : 상수(1kgf · m=1/427kcal)

08 브레이크슈의 길이와 폭이 85mm×35mm, 브레이크슈를 미는 힘이 50kgf일 때 브레이크 압력은 약 몇 kgf/cm²인가?

① 1.68
② 4.57
③ 16.8
④ 45.7

해설

$$P = \frac{F}{A} = \frac{F}{l \times a} = \frac{50 kgf}{8.5 cm \times 3.5 cm} \approx 1.68 kgf/cm^2$$

P : 브레이크 압력(kgf/cm²), F : 브레이크슈를 미는 힘(kgf), A : 브레이크슈의 단면적(cm²),
l : 브레이크슈의 길이(cm), a : 브레이크슈의 폭(cm)

정답 7. ① 8. ①

제4과목 : 자동차 전기

09 20시간율 45Ah, 12V의 완전 충전된 배터리를 20시간율의 전류로 방전시키기 위해 몇 와트(W)가 필요한가?

① 21W
② 25W
③ 27W
④ 30W

해설

- $Ah = A \times h$

$$A = \frac{Ah}{h} = \frac{45Ah}{20h} = 2.25A$$

$$P_E = v \times i = 12V \times 2.25A = 27W$$

Ah : 배터리 용량 단위, A : 연속 방전 전류 단위, h : 방전 종지 전압까지 연속 방전 시간 단위, P_E : 전력(W), v : 전압(V), i : 전류(A)

10 전압 24V, 출력 전류 60A인 자동차용 발전기의 출력은?

① 0.36kW
② 0.72kW
③ 1.44kW
④ 1.88kW

해설

- $P_E = v \times i = 24V \times 60A = 1440W = 1.44kW$

P_E : 전력(W), v : 전압(V), i : 전류(A)

정답 9. ③ 10. ③

자동차정비산업기사 필기
계산문제 한권으로 끝내기

발 행 일	2020년 1월 5일 개정판 1쇄 인쇄
	2020년 1월 15일 개정판 1쇄 발행
저 자	윤흥수
발 행 처	 
발 행 인	이상원
신고번호	제 300-2007-143호
주 소	서울시 종로구 율곡로13길 21
대표전화	02) 745-0311~3
팩 스	02) 743-2688
홈페이지	www.crownbook.com
I S B N	978-89-406-4185-9 / 13550

특별판매정가 17,000원

이 도서의 판권은 크라운출판사에 있으며, 수록된 내용은
무단으로 복제, 변형하여 사용할 수 없습니다.
　　　　Copyright CROWN, ⓒ 2020 Printed in Korea

이 도서의 문의를 편집부(02-763-1668)로 연락주시면
친절하게 응답해 드립니다.

자동차정비산업기사 필기 계산문제 한 권으로 끝내기

저·자·약·력

■ 윤 흥 수

[학력]
2015.8, 국민대학교 자동차산업대학원 자동차공학과 공학석사
2017.8, 홍익대학교 대학원 기계공학과 박사수료
2019.8, 명지대학교 대학원 보안경영공학과 공학박사

[저서]
건건설기계정비기능사 필기 CBT 총정리문제(크라운출판사)
건설기계운전기능사 필기 통합 CBT 문제은행-지게차, 굴삭기, 기중기-(크라운출판사)
건설기계운전기능사 필기 CBT 문제은행-로더, 롤러, 불도저-(크라운출판사)
The First 지게차운전기능사 필기시험문제(크라운출판사)
완전합격 굴삭기운전기능사 필기시험문제(크라운출판사)
완전합격 기중기운전기능사 필기시험문제(크라운출판사)
7일완성 굴삭기운전기능사 필기 CBT 문제은행(크라운출판사)
7일완성 지게차운전기능사 필기 CBT 문제은행(크라운출판사)
7일완성 기중기운전기능사 필기 CBT 문제은행(크라운출판사)
7일완성 자동차정비기능사 필기 CBT 문제은행(크라운출판사)
자동차정비기능사 필기 CBT 총정리문제(크라운출판사)
자동차정비산업기사 필기시험 7년간 출제문제(크라운출판사)
핵심노트 자동차정비기능사·산업기사 실기 답안지작성법(크라운출판사)
단기완성 군무원 7급·9급차량·전차직 전공과목 시험문제(크라운출판사)
건설기계정비산업기사·기능사 실기시험문제(크라운출판사)